MARIA MONTESSORI

GRUNDLAGEN MEINER PÄDAGOGIK

UND WEITERE AUFSÄTZE
ZUR ANTHROPOLOGIE UND DIDAKTIK

Besorgt und eingeleitet von
Professor Dr. Berthold Michael

9. Auflag

QUELLE & MEYER VERLAG
WIEBELSHEIM

GRUNDLAGEN UND GRUNDFRAGEN DER ERZIEHUNG

Quellentexte für Seminar und Arbeitsgemeinschaft

Herausgegeben von Prof. Dr. Theodor Ballauf, Prof. Dr. Hans-Hermann Groothoff, Prof. Dr. Heinz Mühlmeyer und OStR Dr. Karl Püllen

Bibliografische Information Der Deutschen Bibliothek
Die Deutsche Bibliothek verzeichnet diese Publikation in der Deutschen Nationalbibliografie; detaillierte bibliografische Daten sind im Internet unter http://dnb.ddb.de abrufbar.

Druck und Verarbeitung: AZ Druck und Datentechnik, Kempten
Printed in Germany/Imprimé en Allemagne
ISBN 3-494-01407-8

INHALTSVERZEICHNIS

EINLEITUNG

Maria Montessori wurde am 31. August 1870 in dem kleinen Ort Chiaravalle in der Nähe von Ancona in Italien geboren; sie starb am 6. Mai 1952 in Noordwijk-an-Zee in den Niederlanden. Zwischen diesen beiden Daten spannt sich der Lebensweg dieser außerordentlichen Frau, der in mehrfacher Hinsicht als repräsentativ für eine revolutionäre Epoche angesehen werden kann: Sie war die erste Frau, die in Italien ein akademisches Studium durchsetzte, welches sie mit einer Promotion in Medizin abschloß. Als Assistentin der psychiatrischen Klinik und Lehrbeauftragte der Universität in Rom widmete sie sich der Erziehung schwachsinniger Kinder und erzielte mit der Anwendung von didaktischem Material, das sie von ihren Lehrern übernahm, aber vervollkommnete und ausbaute, verblüffende Erfolge. Daraufhin wandte sie sich pädagogischen und psychologischen Studien zu, um ähnliche Lehrmethoden für die Ausbildung gesunder Kinder experimentell zu entwickeln und die Bildung und Erziehung auf neue Grundlagen zu stellen. Sie promovierte zum Dr. phil. und gründete bald danach in einem der ärmlichen Viertel Roms 1907 die „Kinderhäuser", in denen vorschulpflichtige Kinder nach ihren Ideen erzogen wurden. Aus den gewonnenen Einsichten und Erfahrungen schuf sie in den folgenden Jahren ihr pädagogisches System der „Selbsterziehung des Kindes" in einer didaktisch „vorbereiteten Umgebung", das sich als Montessori-Pädagogik rasch über die ganze Welt verbreitete. In den totalitären Ländern und durch den Zweiten Weltkrieg erlitt die Montessori-Bewegung erhebliche Rückschläge, trotzdem setzte Maria Montessori unbeirrbar ihren Kampf für das Kind, den „vergessenen Bürger", und eine friedvolle Welt bis zu ihrem Lebensende fort.

Den entscheidenden Anstoß zu ihrem Werk verdankt Maria Montessori nach ihren Worten der Entdeckung des Phänomens der „Polarisation der Aufmerksamkeit“, die als „Montessori-Phänomen“ in die Literatur eingegangen ist. Aus dieser Beobachtung entwickelt sie in einer genialen Intuition ihre Anthropologie und Erziehungslehre, die sie mit zwei Prinzipien zusammenzufassen versucht: dem Prinzip der „Freiheit des Kindes“ und dem Prinzip der „Organisation der Arbeit“. Mit dem unablässigen Bemühen um die Durchführung des ersten Grundsatzes wird sie zur warmherzigsten Befürworterin des Gedankens, der seit Rousseau die Pädagogik leitet, das Kind in sein Recht auf Eigenleben einzusetzen. Sie vollzieht damit jene „eigentümliche Umdrehung“ der Perspektive von allen objektiven Zielsetzungen der Erziehung weg auf das Wachsen und Werden des jungen Menschen, die H. Nohl zum Legitimationsprinzip aller wahren Erziehung erhoben hat. Es wird einer der entscheidenden Anstöße für die Entwicklung einer pädagogischen Anthropologie, deren erste Ergebnisse sich heute abzeichnen. Alle Arbeit, die Montessori der Verwirklichung des zweiten Grundsatzes zuwendet, wird in ähnlicher Weise in der Folgezeit wegweisend für die Ausbildung neuer Lerntheorien und die Schaffung von Selbstbildungsmitteln weit über den Bereich der Montessori-Erziehung hinaus.

Maria Montessoris Werk, das dem pädagogischen Denken so wesentliche Impulse gegeben hat, gewinnt in der gegenwärtigen Diskussion über Begabung, Chancengleichheit und Vorschule aufs neue an Bedeutung. Es ist die Absicht, durch die Wiederveröffentlichung einiger ihrer bedeutsamen Aufsätze den Zugang zu ihrem Werk zu erleichtern. Das vorliegende Heft vereinigt mit der Abhandlung „Grundlagen meiner Pädagogik“, welche 1934 für das „Handbuch der Erziehungswissenschaft“, herausgegeben von F. X. Eggersdorfer u. a., geschrieben wurde, fast alle Beiträge Montessoris zur Anthropologie und Didaktik, die in den zwanziger Jahren neben ihren größeren Werken in deutscher Sprache erschienen sind. Letztere wurden den Jahrgängen 1926 ff. der Zeitschrift „Die Neue Erziehung“, der Monatsschrift des Bundes Entschiedener Schulreformer um Paul Oestreich, entnommen. Die Ausgabe erscheint mit freundlicher Genehmigung der Association Montessori Internationale, Amsterdam, der an dieser Stelle aufrichtig gedankt sei. B. M.

Grundlagen meiner Pädagogik

In allen Ländern wird daran gearbeitet, die Erziehung zu verbessern. Eine Reihe psychologischer Wissenschaften mit den verschiedensten Namen ist entstanden mit dem Zweck, das Kind zu studieren. Die meisten dieser Studien gehen von einer als normal erkannten, bestimmten Wesensart des Kindes aus, und alle Voraussetzungen und alle Folgerungen bleiben Theorie. Wo Erkenntnis zu einem Resultat geführt hat, da fehlte der Weg, diese Erkenntnis dem kindlichen Leben nutzbar zu machen. Doch in den meisten Fällen glaubt man auch heute noch trotz aller Forschung, daß der Erwachsene den Charakter eines Kindes formen kann, und daß es nicht nur die Aufgabe, sondern die Pflicht des Erziehers ist, diese Formung vorzunehmen. Dem Kind und seiner schöpferischen Kraft überläßt man den kleinsten Teil an dieser Bildungsarbeit. Von vielen Pädagogen und den meisten Eltern wird die Kindheit als ein Durchgangsstadium zum Erwachsensein betrachtet, und in diesem Sinne werden alle Bedürfnisse des kindlichen Lebens vom Erwachsenen bestimmt. Der Charakter muß gefestigt werden, bestimmte moralische Eigenschaften müssen anerzogen, andere unmoralische müssen unterdrückt werden. Der Geist muß gebildet werden, und ein bestimmtes Kulturgut muß beigebracht werden. Man verlangt vom Kind in der gleichen Weise zu arbeiten, wie der Erwachsene arbeitet: zielbewußt und mit geringstem Kraftaufwand. In bestimmten Abschnitten muß ein bestimmtes Pensum erreicht werden. Die Ordnung im Kind wird von außen diktiert, und Gehorsam und Disziplin sind die Folgen der Autorität des Erwachsenen. Wie es um die innere Ordnung eines Kindes bestellt ist, interessiert immer erst dann, wenn ein Kind krank, übernervös oder über das Normalmaß hinaus ungezogen ist.

Die Pädagogik verlangt, ebenso wie die Medizin, daß die Erziehung am ersten Tage des Lebens beginne. Die Medizin fordert Rücksicht vom Erwachsenen auf die Entwicklung des Kindes, Rücksicht auch schon vor der Geburt des Kindes, die also nur vom Erwachsenen allein genommen werden kann. Die Medizin gibt Richtlinien und Hilfen, die wir in den Gesetzen der Hygiene und Kinderpflege kennen und die sich allein an den Erwachsenen richten. Die Pädagogik dagegen gibt nur ein Prinzip, gleichsam einen Rat, wie der Erwachsene seine eigene Arbeit, seine Erziehungsarbeit am leichtesten durchführen kann. Sie gibt Hilfen für den Erwachsenen, aber nicht für das Kind. Man gibt den Rat, mit der Erziehung im frühesten Alter einzusetzen, solange das Kind noch wie weiches Wachs ist. Es sei leichter, das kleine Kind aus weichem Wachs zu formen als das ältere, das nicht mehr so nachgiebig sei. Und so wird vom ersten Tag an das Kind erzogen, und Fehler und Ungehorsam werden verboten und bestraft. Der Erwachsene hat also den Nutzen der pädagogischen Lehre, nicht das Kind.

Wenn ein Problem trotz aller aufgewandten Kraft und aller zur Verfügung stehenden Mittel schwer zu lösen bleibt, so liegt dies oft daran, daß man nicht jeden einzelnen Faktor, der für die Lösung von Bedeutung sein könnte, genügend betrachtet hat. Ist der übersehene Faktor erst einmal entdeckt, so ist das Problem von überraschender Einfachheit. Gerade die naheliegendsten Faktoren läßt man meist unbeachtet.

Immer hat man sich an die Persönlichkeit des Kindes nur in dem einen pädagogischen Sinn gewendet, der das Kind zum *Objekt* der Erziehung und des Unterrichts macht. In dieser pädagogischen Tendenz hat man eine bestimmte Beziehung zwischen dem Kind und dem Erwachsenen festgelegt. Die Natur der Beziehungen zwischen dem Kind und dem Erwachsenen hat man aber nicht hinreichend untersucht, geschweige denn geklärt.

Forscht man ihr nach, so taucht ein *soziales Problem* auf, das niemals beachtet worden ist: der übersehene Faktor ist gefunden. Das Kind und der Erwachsene leben in einer Vereinigung, die Kampf auslöst. Es sind zwei vollkommen verschiedene Wesen.

> Der Erwachsene ist ein willensstarker, herrschender Mensch im Gegensatz zu dem kleinen, unwissenden Kinde, das hilflos seiner Obhut anvertraut ist. Der Erwachsene hat sich mit seiner produktiv nach außen gerichteten Arbeit eine Umgebung geschaffen, die seinen Bedürfnissen entspricht. In dieser Welt lebt das Kind wie ein außersoziales Wesen, das nichts zu die-

ser Gesellschaft beitragen kann, da das Ziel *seines* Lebens und *seiner* Arbeit in seinem Inneren und nicht in der Außenwelt ruht.

Das Kind ist ein Fremder in der sozialen Ordnung der Erwachsenen und könnte sagen, mein Reich ist nicht von dieser Welt. Die Pädagogik hat also Forderungen aufzustellen, die sich an den Erwachsenen richten und nicht an das Kind.

Aus dieser Erkenntnis der Beziehung zwischen dem Kind und dem Erwachsenen haben wir mehr gefunden als eine abstrakte Psychologie: wir haben das neue Kind gefunden, das sich uns durch wunderbare Äußerungen offenbart hat. Wir sehen klar, daß die Kindheit ein Stadium der Menschheit ist, das sich vollkommen von dem des Erwachsenseins unterscheidet. Wir haben die zwei verschiedenen Formen des Menschen erkannt. Das Kind trägt nicht die verkleinerten Merkmale des Erwachsenen in sich, sondern in ihm wächst sein eigenes Leben, das seinen Sinn in sich selber hat. Wer ist es, der diese zweite Schöpfung, das Werden des Erwachsenen vollbringt? Wachsen die Eltern für das Kind? Formt der Erzieher den Charakter? Bildet der Lehrer den Geist? Das Reifen des Menschen im Kinde ist eine andere Art Schwangerschaft, die länger währt als die Schwangerschaft im Mutterleib, und das Kind allein ist der Bildner seiner Persönlichkeit. Schöpferischer Wille drängt es zur Entwicklung. Noch ist im kleinsten Kind die Zeichnung des Charakters nicht sichtbar, aber in ihm ruht, wie in der Zelle, die ganze Persönlichkeit.

Der Erwachsene hat nicht nach der überlegenen Art eines mächtigen Erziehers zu trachten, sondern er muß die Beziehungen zwischen sich und dem Kind harmonisch gestalten und dem Kind gegenüber eine verständnisvolle Einstellung erwerben. Dann wird es ihm eine Selbstverständlichkeit werden, dem Kind eine Umgebung zu schaffen, die seiner Aktivität angepaßt ist, damit es – Herr in dieser Umgebung – sich frei entwickeln kann. Es ist notwendig, daß der *Erwachsene* die beiden verschiedenen Lebensrhythmen ordnet und miteinander ausgleicht, daß er die Grenzen begreift, innerhalb deren er pädagogisch handeln darf. Es ist notwendig, daß er sich dem Kind gegenüber beherrschen lernt. Wir predigen Bescheidenheit und Geduld als fundamentale Vorbereitung des Lehrers und Bescheidenheit und Geduld allen Müttern und Vätern und allen denen, die mit dem Kind in Berührung kommen. Diese Bescheidenheit wird das Kind nicht verweichlichen oder verwöhnen, sondern ihm das größte Hindernis für die gesunde Bildung seiner Persönlichkeit aus dem Wege räumen.

Auch wir gebrauchen den Vergleich mit dem Wachs, doch in ganz anderer Art. Es ist wahr, daß das Kind in seiner frühen Lebensepoche gleich weichem Wachs ist, aber dieses Wachs kann nur von der sich entfaltenden Persönlichkeit selber geformt werden. Die einzige Pflicht des Erwachsenen ist es, diese Formung des Wachses vor Störung zu bewahren, damit die feinen Zeichnungen, die das erwachende psychische Leben des Kindes dem Wachs einritzt, nicht ausgelöscht werden. Das kleine Kind formt die Sprache bevor es ihrer fähig ist; es formt die Bewegung, bevor es die gewollte Bewegung kennt. Wenn der Erwachsene diese zarten Formungen auslöscht, so ist das so, wie wenn die Meereswelle, da sie auf den Sand schlägt, alles verwischt; und der hier etwas aufbauen wollte, müßte von Mal zu Mal neu anfangen und würde dabei ermüden.

Wir verstehen unter Erziehung, der psychischen Entwicklung des Kindes von Geburt an zu helfen. Wir wollen dieses Kind schützen und pflegen, das immer wachsen muß, jeden Tag und jede Stunde, und dessen Arbeit die größte Schöpferarbeit der Menschheit ist. So wie sein Körper in Intervallen wächst und sich entwickelt, so wächst auch seine Persönlichkeit in Perioden bestimmter Sensibilität. Die ganze Entwicklungsarbeit, die das Kind leistet, wird von Gesetzen bestimmt, die wir nicht kennen, und folgt dem Rhythmus einer Aktivität, die uns fremd ist. Wir versuchen nicht, diese geheimnisvollen Kräfte zu ergründen, sondern wir achten sie als Geheimnis im Kind, das nur ihm allein gehört. Die Hilfe, die wir zu geben vermögen, liegt in der äußeren Welt. Dies erfordert vom Erwachsenen eine weise Zurückhaltung, denn eine Eigenart der Beziehungen zwischen dem Kind und dem Erwachsenen – die ihm schrankenlose Macht gibt – liegt darin, daß das Kind immer in Beziehung zum Erwachsenen steht, aber niemals umgekehrt. Wir können unser Leben auch ohne das Kind führen, aber das Kind braucht den Erwachsenen zum Leben. Die *Lösung* dieser Beziehung ist Notwendigkeit für die Entwicklung des Menschen. Die Existenz eines Wesens verwirklicht sich nur durch die Loslösung.

Das ganze unbewußte Streben des Kindes geht dahin, sich durch die Loslösung vom Erwachsenen und durch Selbständigkeit zur freien Persönlichkeit zu entwickeln. Unsere Erziehung trägt diesem Streben des Kindes in allem Rechnung; und unser Bemühen ist es, dem Kind zu helfen, selbständig zu werden. Wieviel Kraft gehört dazu, bis das kleine Kind sich vom Mutterschoße gelöst hat, bis es alleine gehen kann und nicht mehr getragen zu werden braucht; bis es sprechen kann, um das zu sagen, was es nötig hat; bis es all die Handlungen seines kleinen Lebens allein und richtig ausführen kann und nicht mehr der erdrückenden Hilfe des Erwachsenen bedarf. Wir sehen klar die Abschnitte der Befreiung des Kindes vom Erwachsenen: die Zähne geben ihm die Möglichkeit, sich unabhängig von der Mutter ernähren zu können, das Laufen bedeutet ohne Hilfe des Erwachsenen sich fortbewegen zu können, und das Sprechen ist der Anfang, sich mitteilen zu können und nicht mehr von der Auslegung seiner Wünsche durch den Erwachsenen abhängig zu sein.

Dieser schöpferischen Arbeit des kleinsten Kindes trägt der Erwachsene nicht Rechnung. Er glaubt im allgemeinen, daß ein neugeborenes Kind für das Leben gerettet ist, wenn man die allerprimitivsten Forderungen der Hygiene erfüllt. Das Weinen, das als Ausdruck des Schmerzes den Menschen durch sein ganzes Leben begleitet, wird mit Befriedigung als eine Atemübung festgestellt. Wieviel Wünsche hat dieses kleine Wesen, die es noch nicht ausdrücken kann, und die nie verstanden werden, und wieviel Leid durch ihre Nichterfüllung!

Die Menschen, die den Säugling in der ersten Zeit seines Lebens behüten und pflegen, müßten in einer ganz anderen Weise vorgebildet sein, als es jemals heute geschieht. Wie zart müßte dieses kleine Wesen angefaßt werden und mit welcher Ruhe müßte es umgeben und mit welcher Aufmerksamkeit beobachtet werden, um alle seine Bedürfnisse, die von so ungeheurer Wichtigkeit für das ganze Leben sind, befriedigen zu können. Statt dessen richtet sich auch in dem liebevollsten Elternhaus und bei der besten Pflegerin das Interesse auf die Dinge, die das Kind umgeben und die es gefährden könnten, und nicht auf die Notwendigkeiten der kleinen sich entfaltenden Seele. Man schützt die Gegenstände vor den kleinen noch ungeschickten Händen; man fängt mit Tadel und Verboten an zu erziehen und merkt nicht, wieviel Wunden man damit schlägt, statt eine Umgebung zu schaffen, die der Aktivität des Kindes Rechnung trägt. Die Handlungen des Erwachsenen in seiner Beziehung zum Kind sind nicht darauf gerichtet, dem Kind zu helfen, sondern seine Aktivität zu unterdrücken.

Das kleine Kind, das langsam anfängt, sich in der *Außenwelt* umzusehen, beginnt die wichtige Epoche des *Beobachtens*. Es sammelt Bilder um Bilder und prägt sie seinem Gedächtnis ein. Der Erwachsene kann nichts Unmittelbares dazu tun, dieser Arbeit zu helfen; aber er muß sich immer dessen bewußt sein, daß er sie nicht stören darf.

Erwachsene, die kleine Kinder auf den Arm nehmen, ohne den Ausdruck des kleinen Gesichtes zu verstehen, oder die ein Kind schaukeln oder mit ihm spielen, ohne zu wissen, was das Kind eigentlich möchte, stören es vielleicht bei einer wichtigen Arbeit. Ein kleines Kind muß aufmerksam und lange alles Neue betrachten, sei es das Gesicht eines neuen Menschen oder sei es ein Gegenstand. Wie oft hat ein kleines Kind bei einer solchen Störung schon geweint, und niemand hat die Tränen verstanden.

Wir lassen unsere kleinen Kinder ihre Beobachtungen machen; wir stören sie nicht in dem Sammeln dieser Bilder, die für sie die erste Kenntnis der Welt bedeuten.

Um die Außenwelt kennenzulernen und sich in ihr zurechtzufinden, bedarf das Kind einer *Ordnung*, die einen Teil seines Lebens ausmacht, und die es verteidigt, wo es nur kann. Es liebt die Dinge seiner Umgebung immer auf dem gleichen Platz zu sehen und ist selbst bemüht, diese Ordnung, wenn sie einmal gestört ist, wieder herzustellen.

Doch wie selten wird dieses Bedürfnis des Kindes erkannt. Wie selten wird ihm hier geholfen, und wie oft ist der Erfolg einer Störung Verzweiflung des Kindes und bitterliches Weinen! In den meisten Fällen glaubt nun der Erwachsene den ersten Fehler entdeckt zu haben und beeilt sich, ihn zu verbessern. Wir dagegen erkennen in einer solchen Verzweiflung des kleinen Kindes die Ohnmacht, sich verständlich zu machen und seine Enttäuschung zu äußern. In der Familie muß es einen Platz geben, der nur dem Kind gehört, an dem die Dinge immer an derselben Stelle stehen. Es handelt sich hier nicht um den Sinn materiellen Besitzes, wie der Erwachsene ihn auffaßt, sondern um einen geistigen Besitz des Kindes.

Besonders auffallend ist beim kleinen Kind das *Gedächtnis der Bewegung*. Wie oft, wenn der Erwachsene dem Kind etwas sagt, versteht es die Worte nicht, aber es behält die Bewegung, und dadurch merkt es sich, was man will. Wie oft verbindet ein Kind mit einem Wort eine bestimmte Bewegung, die vom Erwachsenen ausgeführt wurde, als es das erstemal dieses Wort hörte; und wie unverständlich ist es dem Erwachsenen, wenn das kleine Kind später bei diesem Wort Bewegungen ausführt, die gar nicht mehr dazu passen. Statt daß man ihm hilft und dieses starke Gedächtnis der Bewegung dem Kind als Führer gibt, lächelt man über die unverständlichen Merkwürdigkeiten und verwirrt dieses aufmerksame kleine Wesen, das so voller Ernst das Richtige tun wollte und so stolz auf seine kleinen Kenntnisse war.

Es ist so einfach, einem kleinen Kind die Handlungen des täglichen Lebens in langsamen, ruhigen Bewegungen vorzumachen, und der Erfolg wird sein, daß das Kind im frühesten Alter allein ißt, sich allein wäscht, sich allein anzieht und ein glücklicher und zufriedener Mensch wird.

Von gleich großer Bedeutung für die Entwicklung des Kindes ist seine *eigene spontane Bewegung*. Das Kind muß sich immer bewegen, kann nur aufpassen oder denken, wenn es sich bewegt. Es hat uns selbst dieses Bedürfnis offenbart, und zwar nur dadurch, daß wir ihm die Freiheit zur Äußerung ließen.

Es genügt für die Entwicklung des Kindes nicht, zu beobachten oder zu hören, sondern es muß sich dabei bewegen können. Es führt oft eine bestimmte Bewegung viele Male hintereinander aus. Dies ist eine notwendige Übung, um die Ordnung der Bewegungen und die Haltung des Körpers zu erlangen.

Wir sind daher bemüht, den Bedürfnissen des Kindes in dieser Beziehung Rechnung zu tragen. Wir setzen es nicht in enge Stühlchen und Gitterställe, sondern geben ihm die Möglichkeit, seine kleinen Glieder wieder und wieder zu üben.

Die Exaktheit und Beherrschung der Bewegung wird aufgebaut vom motorischen Apparat des Körpers, und dieser ist eng mit der Psyche verbunden. Um diesen Aufbau, der psychische und physische Bedürfnisse befriedigt, zu ermöglichen, muß die Umgebung des Kindes einfach sein, mit den Maßen des kindlichen Körpers übereinstimmen und dadurch in allem seiner Aktivität angepaßt sein. Wenn eine Umgebung für das Kind ungeeignet ist, so geht die Aktivität des Kindes zwar nicht verloren, aber sie wird in falsche Bahnen geleitet. Es wird keiner Mutter gelingen, die Bewegungen, die das Kind auszuführen vorhat, zu unterbinden. Das Verbot ist für das Kind unverständlich, denn der Erwachsene hatte den Sinn seiner Bewegung nicht erkannt. Die Bewegung war notwendige Äußerung einer inneren Tätigkeit.

Ebenso unverständlich ist dem Erwachsenen, daß ein kleines Kind bei voller Handlungsfreiheit die kleinen Handlungen seines Lebens oft viele Male *wiederholt*. Es scheinen Handlungen ohne Zweck zu sein, denn der Erwachsene sieht nicht den Zweck, wenn ein Kind sich zwanzigmal hintereinander die Hände wäscht oder immer wieder einen sauberen Tisch scheuert.

Diese Erscheinung der Wiederholung bei der Beschäftigung findet sich bei jedem normalen Kind, das unter richtigen Bedingungen lebt. Es wiederholt die Übungen wieder und wieder, und plötzlich hört es auf ohne äußeren Anlaß. Wahrscheinlich hört es auf, weil eine innere Befriedigung erreicht worden ist. Die äußere Aktivität hatte ein inneres uns unerkennbares Motiv. Das kleine Kind, das mit einem Zweck sein Tun beginnt, vergißt diesen Zweck sehr bald über einer neu erwachenden spontanen Aktivität, die durch die Freude an der Bewegung geweckt wird. So scheuert es den Tisch zehnmal, trotzdem er schon sauber ist. Das Kind schließt die Tätigkeit ab, wenn die Aktivität befriedigt ist. Erst allmählich, wenn die verschiedenen Bewegungen dieser Beschäftigungen beherrscht werden, das Bedürfnis, sie auszuüben, nachläßt, erst dann rückt der Zweck, der bis dahin nur Antrieb zum Tun war, in den Vordergrund, und das elementare Schaffen wird langsam zum rationellen Schaffen, nähert sich mehr und mehr dem Zwecktum des Erwachsenen.

Wir sehen daran, daß die Arbeitsweise des kleinen Kindes vollkommen verschieden ist von der Arbeitsweise des Erwachsenen. Das Kind arbeitet nicht zielbewußt und schnell. Für das Kind sind die Dinge in der Außenwelt niemals ein erreichtes Ziel, sondern alles ist ihm nur Mittel zur Bildung seiner Persönlichkeit. Alle Kräfte des kindlichen Lebens gehen den Weg, der zur inneren Vollendung führt. Wie kann man also ein Kind, das so ruhig und glücklich seine kleinen Übungen wieder und wieder macht, stören und ihm Einhalt gebieten und ihm mit Worten etwas erklären wollen, das es gar nicht versteht? Es ist nicht unsere Aufgabe, dem Kind schnelles und zielbewußtes Arbeiten beizubringen. Schon ein solcher Versuch wäre verlorene Liebesmühe. Ein Kind, das sich in der richtigen Umgebung ungestört entwickelt, kommt ganz von selbst zu seiner Zeit dazu, zielbewußt zu arbeiten.

Dieser Impuls, den man nicht aufhalten, sondern höchstens auf einen falschen Weg bringen kann, ist für unsere Haltung dem Kind gegenüber von fundamentaler Wichtigkeit. Wir müssen die spontanen Handlungen des Kindes nicht belächeln, weil sie keinen Sinn für uns haben, sondern wir müssen sie als wichtige Äußerungen seines Wachstums betrachten. Alle Dinge der Umgebung, die wir dem Kind bereiten, sind so angeordnet, daß sie dem Kind das äußere Ziel anregend darbieten. Das Kind wird dazu aufgefordert, die Handlung aus Interesse zu beginnen, und der Anfangshandlung folgt dann die Wiederholung.

Das kleine Kind hat das intensive Bedürfnis nach *tätigen Sinneseindrücken*. Wir bieten dem Kind Gegenstände dar, die ihm die Möglichkeit geben, viel klarer und viel leichter zu einer Befriedigung dieses Bedürfnisses zu kommen. Wir wissen, daß das Kind mit allen seinen Sinnesorganen die Umgebung erforscht und die Bilder mit Auswahl in sich aufnimmt und ordnet. Da wir aber auch wissen, daß die zu komplizierte Umgebung, die viele und ungeordnete Reize bringt, dem Kind die geistige Arbeit erschwert, kommen wir ihm zu Hilfe, indem wir ihm Bilder darbieten, die geordnet sind und ihm bei der Ordnung helfen. Wir lehren das Kind, indem wir ihm einen Führer geben, der mit seinen instinktiven Bedürfnissen übereinstimmt, und der ihm ein Gefühl der Freude gibt, weil er ihm zu befriedigender Arbeit verhilft. Wir bieten dem Kind mit dem *Material* geordnete Reize an und lehren also nicht direkt, wie man es sonst mit kleinen Kindern zu tun pflegt, sondern vielmehr durch eine Ordnung, die im Material liegt und die das Kind sich selbständig erarbeiten kann. Wir müssen alles in der Umgebung, also auch alle Gegenstände so weit für das Kind vorbereiten, daß es jede Tätigkeit selbst ausführen kann.

Wir werden oft damit angegriffen, daß Pädagogen und Psychologen behaupten, unser Material sei darum nutzlos für ein Kind, weil es naturentgegengesetzt sei. Dem Kind müsse alles so natürlich angeboten werden, wie es sich in der Umwelt finde, und wenn man eine Farbe gäbe, so dürfe man die Aufmerksamkeit nicht auf die Farbe selber lenken, weil es ja immer ein Gegenstand sei, dem diese Farbe eigen sei. Farbe und Gegenstand gehörten zusammen, und das Kind müsse die Farbe als eine der vielen Eigenschaften dieses einen Gegenstandes betrachten. Unser Material soll kein Ersatz für die Welt sein, soll nicht allein die Kenntnis der Welt vermitteln, sondern soll Helfer und Führer sein für die innere Arbeit des Kindes. Wir isolieren das Kind nicht von der Welt, sondern wir geben ihm ein Rüstzeug, die ganze Welt und ihre Kultur zu erobern. Es ist wie ein Schlüssel zur Welt und ist nicht mit der Welt selbst zu verwechseln.

Fast immer wird dem kleinen Kind und noch vielmehr dem älteren Kind seine Beschäftigung *vorgeschrieben*. Wir lassen in all diesen Dingen dem Kind ganz *freie Wahl*, denn wir haben erkannt, daß auch in der Wahl der Beschäftigung das

Kind von starken inneren Motiven geleitet wird. Das Kind, das seine Beschäftigung alleine wählt, kann damit ein inneres Bedürfnis äußern und befriedigen. Allein das Kind weiß, was seiner Entwicklung nottut, und eine aufgedrängte Beschäftigung stört seine Entwicklung und sein Gleichgewicht.

Die Art der Beschäftigung mit unserem Material ist sehr verschieden von den üblichen Handfertigkeiten, die man die kleinen Kinder im allgemeinen ausführen läßt. Bei Plastilin-Arbeiten z. B. wird ein Gegenstand konstruiert. Ein bestimmtes Ziel ruft die kindliche Aktivität wach; und ist das Ziel erreicht, so ist die Arbeit zu Ende, und die Aktivität muß erlöschen. Ein solches Ziel gibt unser Material nicht. Das Kind arbeitet mit ihm und wiederholt die Übungen oft unzählige Male, und allein die Befriedigung des inneren Bedürfnisses setzt der Tätigkeit ein Ende. Sind die Gegenstände wieder an ihren Platz geräumt, so ist keine äußerlich sichtbare Veränderung vor sich gegangen, sondern die gewohnte Ordnung ist wieder hergestellt. Die Ordnung dieser Umgebung des Kindes gibt ihm eine Basis zu seinem inneren Aufbau. Ordnet das Kind die Umgebung, so ist diese nach außen gerichtete Aktivität ein Zeichen für die beginnende innere Ordnung. Die innere Ordnung äußert sich in dem Bedürfnis, die äußere Ordnung zu erhalten. Hierzu bedarf es exakter Bewegungen, die die ganze Aufmerksamkeit des Kindes beanspruchen. Um diesem Bedürfnis Rechnung zu tragen, sind alle Dinge der Umgebung, nicht nur Tisch und Stuhl und Hausgerät, sondern auch die Größenmaße der Räume, der Türen und Fenster der kindlichen Größe angepaßt. Auch ohne unsere Umgebung kann das Kind sich die Kenntnisse der Welt erwerben; aber die Umgebung hilft dem Kind zu der tiefen *Konzentration* zu kommen, die lebensnotwendig für die Entwicklung des Menschen ist.

Die innere Konzentration ist ein Phänomen, das man bei allen unseren Kindern erlebt, das von größter Wichtigkeit für das innere Wachstum ist und das bis jetzt noch niemals als notwendiger Faktor in die Pädagogik einbezogen wurde. Im Gegenteil sogar wird die Konzentration des Kindes überall gestört.

> Ein Kind, das konzentriert arbeitet, versinkt gleichsam und entfernt sich von der äußeren Welt. Nichts kann seine Arbeit stören und hört die Konzentration auf, so geschieht es durch einen inneren Vorgang. Dann scheint das Kind nicht ermüdet, sondern ausgeruht und freudig. Beim kleinen Kind zeigt sich die Konzentration immer nur in Verbindung mit einem äußeren Gegenstand. Sie kann sich noch nicht von der Umgebung lösen.

Dieses grundlegende psychologische Phänomen betrachten wir als einen wichtigen Stützpunkt, auf dem sich die kindliche Arbeit aufbaut.

Die *Arbeit* ist eine Aktivität, die weder mit der Belehrung noch mit dem Wunsch des Erwachsenen zusammenhängt. Die Arbeit *eint das kindliche Wesen mit der Umgebung.* Aber diese Arbeit zeigt sich nur bei den Kindern, die in einer Umgebung leben, die ihnen *angepaßt* ist. Die *erzwungene* Arbeit schadet dem Kind, weil durch sie der erste Arbeitswiderwille entsteht. In der gewöhnlichen Schule finden wir Kinder, die durch Lernen und Studieren ermüden, und darum versuchen sie, so wenig wie möglich zu arbeiten. Der Lehrer muß durch Strafe und Lob und durch die Regeln einer äußeren Disziplin die Arbeitsleistung aufrecht erhalten. Unsere Kinder arbeiten freiwillig voll Freude und voll tiefem Interesse. Sie werden nicht müde von der Arbeit, sondern glücklich. Wir überlassen es der Umgebung, das Kind in seiner Arbeit zu leiten; und alle Dinge, die diese Umgebung ausmachen, haben eine gemeinsame Eigenschaft: die *Fehlerkontrolle.* Da das Kind nicht nur den Impuls hat zu handeln, sondern auch sich zu vervollkommnen, vertrauen wir ihm, geleitet durch die Fehlerkontrolle seiner Umgebung, die folgerichtige Vervollkommnung seiner Handlungen an. Das Kind wird zum Entdecker der Welt und hat den Wunsch, immer tiefer einzudringen und seine Entdeckungen zu verwerten. Und was ist die Geschichte der Kultur anderes als die Geschichte der Entdeckungen. Das Gut dieser Kultur dem Kind durch das Wort zu übermitteln, ist bedeutungslos; wesentlich, daß es dieses Kulturgut *erlebt.* Es muß alles in eine Beziehung zu dem inneren Bedürfnis des Kindes gebracht werden in der Art, daß es dem kindlichen Geist erreichbar ist, daß das Kind durch eigene Arbeit eindringen und sich begeistern kann. Das Interesse des Kindes hängt allein von der Möglichkeit ab, eigene Entdeckungen zu machen. Dazu geben wir dann ein *intellektuelles* Material, das die Darstellung der abstrakten Geistesarbeit des Menschen ist. Mit ihm kann das Kind gemäß seiner Natur arbeiten, es kann seinen Forschungstrieb befriedigen und Kenntnisse erwerben. Mit dem Material geben wir dem Kind die Arbeitsmöglichkeit für seine Intelligenz. Das Material ist gleichsam nur ein *Anfang*; die manuelle Arbeit mit ihm ordnet die Kenntnisse des Kindes, gibt Klarheit der Kenntnisse und führt zu selbständiger, geistiger Tätigkeit. Das Material ermöglicht dem Kind eine geordnete geistige Entwicklung und schafft geistige Disziplin. Das Leben der Kinder in Kinderhaus und Schule führt das innere Wachstum Schritt für Schritt seiner Bestimmung entgegen.

Gedanke und Handlung müssen zu einer Einheit werden. Die Entfaltung der Persönlichkeit muß in voller Harmonie geschehen. Der Mensch muß sich seinem eigenen Rhythmus gemäß formen, disziplinieren und bilden können. Unser Ziel ist die Gesundheit der Psyche; und mit dieser Gesundheit entstehen in jedem normalen Kind soziale Haltung, freiwillige Disziplin, Gehorsam und Willensstärke.

Da das Kind in den meisten Schulen passiv lernt, glaubt man in der körperlichen Bewegung ein Ausruhen von geistiger Tätigkeit schaffen zu müssen, und die körperliche Tätigkeit löst die geistige ab. Warum muß eine Ermüdung von der anderen abgelöst werden? In fast allen Schulen der heutigen Zeit, in der die Kinder beim Unterricht passiv sind, müssen Geist und Bewegung getrennt handeln. Diese Trennung führt zur Spaltung der kindlichen Persönlichkeit. Der Sinn, den wir in die Bewegung legen, ist ein viel tieferer, der nicht nur die motorischen Funktionen unseres Körpers betrifft, sondern der den ganzen Menschen in seinen korrespondierenden Ausdrucksmöglichkeiten erfaßt.

Zwei Forderungen scheinen uns also für die Erziehung des Kindes die wichtigsten zu sein. Die *erste* Forderung betrifft das soziale Leben von Erwachsenem und Kind und verlangt das Schaffen neuer Beziehungen, verlangt eine Haltungsänderung des Erwachsenen dem Kind gegenüber. Sie ist nicht zu erreichen durch das Studium psychologischer oder pädagogischer Wissenschaft, sondern allein durch innere Einkehr. Die Lösung der Frage gipfelt nicht darin, das dem kindlichen Leben notwendige Milieu zu schaffen, sondern es tritt die *zweite* sittliche Forderung an uns heran, zu erkennen, daß es die schöpferische Mission des Kindes ist, eine sittliche Persönlichkeit zu bilden. Diese Mission muß geachtet und unterstützt werden. Wir wissen, daß dem Menschen Tendenzen angeboren sind, die sittlich inferior erscheinen. In der Tiefe jeder menschlichen Seele spielt sich ein Drama ab zwischen „dem Willen zum Guten und der Neigung zum Bösen". Wird das Kind in seiner Entwicklung durch das Unverständnis des Erwachsenen gehemmt und gestört, so werden die Energien im Innern des Kindes, die göttliche Mittel zur Menschheitsbildung sein sollten, zur Verteidigung gegen den Erwachsenen benutzt und führen zur Zerrissenheit der wachsenden Persönlichkeit, zum Kampf statt zur Liebe. Alle die um die Erbsünde im Menschen wissen, sollten durch Liebe und Achtung vor dem Kinde den Willen zum Guten stärken, statt die Neigung zum Bösen durch erzieherische Maßnahmen und ihre Folgen zu unterstützen. Glauben an das Kind und seine Schöpfermission und Erkenntnis der Fehler im Erwachsenen und nicht psychologische Wissenschaft oder Aufstellung pädagogischer Ziele ohne Rücksicht auf den Weg kann der Entfaltung der Einheit des kindlichen Wesens und seiner sittlichen Vollendung dienen.

Wird aber die Entwicklung nicht einmal, sondern dauernd gestört, wie es das Schicksal fast jeden Kindes ist, so muß eine innere Verwirrung entstehen, die durch die Kampfstellung gegen den Erwachsenen und damit durch die Unterstützung der „Neigung zum Bösen" viele zerstörende Folgen hat. Diese Kinder können nicht gehorchen, denn Gehorsam bedeutet Zustimmung der Persönlichkeit, bedeutet die Möglichkeit, folgen zu können. Ist aber die innere wachsende Persönlichkeit zerrissen, so entsteht eine Störung, sichtbar in der Disziplin der äußeren Handlung.

Vor allem in der *Bewegung* des Kindes sind Symptome erkennbar: Hände, die nicht arbeiten, aber auch nicht ruhig sein können; hastige Bewegungen, die alle Dinge der Umgebung gefährden; Zerstreutheit, Schüchternheit, Unaufmerksamkeit und vieles andere. Unendlich viele Merkmale dieser Entwicklungsstörungen sind uns bekannt; und es würde hier zu weit führen, sie alle aufzuzählen und ihre Motive zu besprechen. Nur das eine muß ausdrücklich hervorgehoben werden, daß diese Symptome meist als normal und oft sogar als besonders gute Eigenschaften des Kindes angesehen werden. Wie stolz sind die Eltern und Erzieher auf ein Kind, das eine besonders starke Einbildungskraft besitzt. Sie sehen nicht, daß dies ein Symptom einer ungeordneten Intelligenz ist, die sucht und nicht findet, die die Verbindung mit der Wirklichkeit verloren hat, die in den leeren Raum phantasiert, aber nicht aufbaut. Ein solches Kind lebt in den Bildern seiner Vorstellungskraft; und der Erwachsene denkt, welch schöpferische Kraft ruht in diesem Kind! Und doch geht die Kraft dieses Kindes einen Weg, der nicht zum schöpferischen Aufbau des Menschen, sondern zu verwirrender, innerer Undiszipliniertheit und Spaltung führt. Erst in späteren Jahren merkt man, daß von der sogenannten schöpferischen Kraft dieser Kinder nicht viel übrig bleibt, und daß sie nicht halten, was man von ihnen erwartete.

Die Bewegungen solcher Kinder sind meist überlebhaft, ungeordnet und zwecklos. Sie sind nicht fähig, ausdauernd und aufmerksam zu sein. Sie sind uninteressiert für alles, was gelehrt wird. Die Erzieher, die diese Kinder als normal ansehen, unterstützen die Einbildungskraft und glauben Gutes zu entwickeln und fördern doch nur die Spaltung. Die ungeordneten Bewegungen stören den Erwachsen, und er versucht sie zu unterdrücken und verbietet sie dem Kind. Doch das Kind kann nicht gehorchen, weil es verbildet ist.

Der Erwachsene denkt nicht daran, einen ungeordneten Organismus, der seine normalen Funktionen verloren hat, zu ordnen, sondern er versucht nur, die Symptome zu unterdrücken.

Ein anderer Typus von Kindern sind die *Abhängigen, Gelangweilten, Unselbständigen*. Sie wollen, daß der Erwachsene alles mit ihnen zusammen tue. Sie haben Angst, allein zu sein. Ihre Bewegungen sind passiv, und sie scheinen in allem hilfsbedürftig und gelten für besonders zärtliche, anlehnungsbedürftige Wesen. Sie haben keine motorische Kraft, und ihre Intelligenz verfällt der Untätigkeit, die man Faulheit nennt.

Ihr Wollen und ihr Handeln wird allein vom Erwachsenen bestimmt.
Viele dieser Kinder *lügen*. Die Lebhaften, Phantasiereichen aus dem Bedürfnis heraus, phantastische Dinge zu erzählen. Die Stillen aus Schüchternheit, aus Flucht vor dem Entschluß, aus Mangel an Mut. Alle Versuche, die Fehler einzeln zu verbessern, scheitern, da sie der aus dem Gleichgewicht gebrachten Persönlichkeit entspringen.
Wie oft sind die Wünsche dieser lebhaften, phantasiereichen und der stillen, unselbständigen Kinder unerfüllbar, denn sie selbst kennen ja keine Grenzen, weil sie keine eigenen Erfahrungen in der Wirklichkeit machen konnten. Sie wollen nur, und da sie ihr Wollen nicht selbst befriedigen können, versuchen sie die Erzwingung ihrer Wünsche beim Erwachsenen. Auf jede Weise versuchen sie sie, und schließlich macht der Erwachsene Konzessionen, weil seine Widerstandskraft erlahmt, und sagt, ich habe das Kind verwöhnt. Dies ist der einzige Fehler, den der Erwachsene jemals zugibt!

Gegen diese Fehler des Kindes stehen die Eltern und die Lehrer gemeinsam im Kampf. Sie wollen sie verbessern, sie verbieten und tadeln und strafen. Es ist dasselbe, als ob man einem Fieberkranken vorwerfen wollte, daß er Fieber hat. Die ganze Erziehung wird zu einer fortdauernden Verbesserung. Die Erwachsenen sind davon überzeugt, daß diese Eigenschaften normale kindliche Eigenschaften seien, und daß es ihre Pflicht sei, sie zu moralisieren. Gelingt ihnen eine Besserung nicht, so wird mit großer Strenge eingeschritten, und durch einen Autoritätszwang von außen werden diese Fehler des Kindes gewaltsam unterdrückt. Und man sieht nicht, daß man dem Kind immer mehr die Möglichkeit nimmt, sich innerlich zu formen. Es ist, als ob der blinde Fleck im Auge des Erwachsenen die Kindheit des Menschen deckte.

Wenn wir in unserer Erziehung die *Freiheit* für das Kind fordern, so werden wir nicht verstanden, weil die Menschen nur die entarteten Kinder kennen und die Freiheit mißverstehen. Man glaubt, wir verlangen, das Kind in allem gewähren zu lassen, in seinen Launen, seiner Zerstörungswut und seiner Apathie. Man fragt uns oft: Wie heilen Sie Launen, Lügen und Schüchternheit? Was tun Sie, wenn Kinder nicht essen mögen und nicht gehorchen? Ja, was tun wir dagegen? Es handelt sich hierbei um Fehler, die selbst von vielen Psychologen als normale kindliche Eigenschaften angesehen werden, die für uns aber Symptome psychischer Erkrankung sind, hervorgerufen durch das Fehlen jeglichen Verständnisses von seiten des Erwachsenen. Eine symptomatische Pflege kann man nicht mehr geben, wenn diese Abweichungen schon so weit entwickelt sind. Man kann nicht getrennt voneinander die Launen und die Lügen und die Schüchternheit behandeln. Man muß die Behandlung an der Wurzel des Übels beginnen. Man muß das Kind in Lebensbedingungen bringen, die ihm ermöglichen, seine Persönlichkeit wieder zum Normalen, zur Gesundheit zurückzuführen. Zuerst müssen wir gleichsam Ärzte von zartester Behandlung sein; und erst wenn das Kind geheilt ist, können wir wieder Erzieher sein. Wir müssen dem Kind die Reorganisation seiner Persönlichkeit ermöglichen. Die inneren Energien müssen von der Zerstreuung durch die äußeren Dinge abgelenkt und wieder der inneren aufbauenden Arbeit zugeführt werden.

Was tun wir als erstes, um den Kindern zu einer Rekonstruktion zu verhelfen? Wir bereiten eine *Umgebung* vor, die reich an interessanten Aktivitätsmomenten ist. Wir eröffnen einen Arbeitsweg, der höhere Dinge aufweist als die, von denen man bis jetzt annahm, sie seien für dieses Alter genügend.

Das Kind weiß nicht, wie es sich diese Umgebung selbst schaffen soll. Nur der Erwachsene kann es tun, und das ist die einzige tatsächliche Hilfe, die man dem Kind geben kann.

Das *Montessori-Haus* ist die ruhige und gesunde Umgebung, in der sich die latenten Energien des Kindes auswirken können. Die Umgebung wird von der Lehrerin mit großer Sorgfalt und mit wachsamer und abwartender Seele vorbereitet. Ihre Haltung ist gleichsam die der klugen Jungfrauen, die in Erwartung des Herrn angezündete Lampen tragen. Auch die Lehrerin weiß nicht, wann das Kind sich äußern wird, aber sie ist immer bereit. Sonst ginge es ihr wie den törichten Jungfrauen, die ihre Lampen ausgehen ließen und nicht sahen, als der Herr kam. Er ging vorüber, er blieb nicht stehen.

> Es ist wirkliches natürliches Leben, ein Leben vieler Kinder, in denen ein soziales Gefühl für die Mitmenschen entsteht und sich eine organische Gemeinschaft entwickelt. Wie oft erleben wir, daß Lehrer aus anderen Kindergärten und Schulen diese natürliche und disziplinierte Organisation der arbeitenden Kindergemeinschaft ungläubig betrachten. Unser Lehrer kann die Klasse verlassen, und man wird keine Veränderung bemerken, denn die Ordnung dieses Lebens hat nicht der Lehrer geschaffen, sondern es ist ein Werk der Kinder. Und was unseren Kindern als etwas Selbstverständliches gelingt, haben diese Lehrer als erwachsene Menschen mit größter Kraftanstrengung niemals erreicht. Diese Lehrer, die Kinder strafen und zur Arbeit zwingen müssen, werden immer in einem entsetzlichen Zwiespalt leben. Sie wollen gut zu den Kindern sein und finden nicht den Weg dazu; und langsam verlieren sie das Gefühl für das was sie wollten, und glauben, daß es zur Lehrerwürde gehöre, zu strafen und zu zwingen. Das ist das Schicksal aller Lehrer der alten Schule.

Die *Arbeitsbegeisterung* ist für die gesunde Entwicklung des Kindes von größter Bedeutung; aber sie kann nur in der Umgebung entstehen, die den Bedürfnissen des Kindes entspricht, und nur bei einer Haltung des Lehrers, die helfend und nicht lehrend ist, und die nur durch ein langes Studium erworben werden kann.

Die *Vorbereitung der Umgebung und die Vorbereitung des Lehrers* sind das praktische Fundament unserer Erziehung. Immer muß die Haltung des Lehrers die der Liebe bleiben. Dem Kind gehört der erste Platz, und der Lehrer folgt ihm und unterstützt es. Er muß auf seine eigene Aktivität zugunsten des Kindes verzichten. Er muß passiv werden, damit das Kind aktiv werden kann. Er muß dem Kind die Freiheit geben, sich äußern zu können; denn es gibt kein größeres Hindernis für die Entfaltung der kindlichen Persönlichkeit als einen Erwachsenen, der mit seiner ganzen überlegenen Kraft gegen das Kind steht.

Es handelt sich bei der Haltung des Erwachsenen dem Kind gegenüber um die *Begrenzung des Einschreitens*. Dem Kind muß geholfen werden, wo das Bedürfnis für Hilfe da ist. Doch schon ein Zuviel dieser Hilfe stört das Kind.

Unsere Eltern und Lehrer suchen nicht die Fehler des Kindes und wollen sie verbessern, sondern sie suchen die tiefe wachsende Natur und helfen ihr zu gesunder Entfaltung. Wir sind oft Optimisten genannt worden; und es wird uns vorgeworfen, wir hätten eine falsche Meinung über das Kind und seine Wesensart. Doch was wir entdeckt haben, ist so einfach und klar; Jahrzehnte hindurch haben uns alle Kinder der Welt diese Seite ihres Wesens offenbart. Wir haben die Fehler der Kinder analysiert und sind dabei auf eine Tatsache gestoßen. Auf die Tatsache, daß die wahre Natur des Kindes bis jetzt verborgen geblieben ist. Wir sind keine Optimisten, sondern wir sind Goldsucher. Wir kennen die Felsen, wo Gold vorhanden ist; und wir haben von den Kindern gelernt, wie man das herrliche Metall herausholt. Die Haltung unserer Erzieher ist nicht die phantastischer Optimisten, sondern es ist die Haltung der Liebe. Ein Mensch, der nicht liebt, sieht nur die Fehler bei den anderen; der liebt, sieht sie nicht und darum sagt man, die Liebe mache blind. Doch nur wer liebt, ist ein wirklich Sehender, und nur er kann die zarten Offenbarungen des Kindes sehen und verstehen, und vor ihm wird ein Kind seine wahre Natur zeigen können.

> Bei allen modernen Pädagogen sehen wir die Absicht, aus dem Kind etwas hervorzuholen. Man will kindliche Eigenschaften wecken durch eine Art Freiheit oder durch Anregung zu spontanen Äußerungen. Glaubt man wirklich, daß ein Erwachsener diese kindlichen Eigenschaften zutage fördern kann? Durch alle Mittel, die man heute anwendet, stellt man dem Kinde nur neue Hindernisse entgegen und überwältigt es. Kein Erwachsener kann ein Kind zu den Äußerungen seines tiefsten Wesens bringen. Ein Kind kann sich nur äußern, wenn eine Position der Ruhe, der Freiheit und Ungestörtheit gegeben ist, die nicht durch den Erwachsenen beeinträchtigt wird.

Die Möglichkeit, den Geist des Kindes und seine vollkommensten Eigenschaften zu heben, ist nur dann gegeben, wenn die äußeren Bedingungen die kindliche Arbeit zulassen und wenn man die Mittel zur Übung gibt. Dann muß der Erwachsene auf Äußerungen warten und darf sie nicht durch direkte Handlungen hervorholen wollen. Erst wenn das Kind etwas in sich entwickelt hat, kann es sich ausdrücken.

Wir unterbrechen die Beschäftigung der Kinder nicht und verlangen nicht, daß sie statt Lesen plötzlich Rechnen sollen oder anderes. Mit einer solchen Handlung glaubt man den Bildungsgang des Kindes zu leiten, aber in Wirklichkeit führt man das Kind in Verwirrung und stört die Entwicklung seiner Bildung. Wir haben weder im Kinderhaus noch in der Schule ein festes Programm. Wir bauen nicht auf dem Kollektiv-Unterricht auf. Wir bemühen uns, die sensitiven Perioden, die Intervalle der inneren Entwicklung des Kindes, zu erkennen und ihnen in allem gerecht zu werden. Wir verlangen nicht, daß ein Kind dauernd aufnahmebereit sei, und legen eine vorübergehende Unaufmerksamkeit nicht als Mangel an gutem Willen aus. Wir wissen, wie stark die Fähigkeit im Kinde ist, durch genaues Beobachten aufzunehmen. Eine Fähigkeit, die im frühen Kindesalter viel stärker entwickelt ist, als jemals bei dem Erwachsenen, und die während der ganzen Sprachentwicklung andauert. Auf diese Fähigkeit nehmen wir die größte Rücksicht, denn wir haben erfahren, daß in diesem Alter das Wort des Erwachsenen ein großes Hindernis für das kindliche Verstehen sein kann. Die *Belehrung* durch das Wort spielt daher bei uns keine überragende Rolle. Der Lehrer in unserer Arbeit ist nicht der Bildner und Belehrer des Kindes, sondern der Gehilfe. Er zeigt dem Kind jede Übung mit Freundlichkeit, mit klaren Bewegungen und großer Genauigkeit. So entsteht dem Kind die Möglichkeit, selber zu handeln. Und die eigene Handlung wird Willensäußerung. Ohne den Vollzug einer Handlung ist keine Willensäußerung möglich. Das Willensleben ist das Leben der Tat. Unsere Kinder leben und handeln frei und selbständig in der Gemeinschaft anderer Kinder und werden so zu willensstarken sozialen Wesen, die selbst die Anforderungen an ihr eigenes Tun immer höher schrauben.

Wir geben dem Kind das Kulturgut seiner *Rasse*, das ihm Grundlage zur Erarbeitung seiner eigenen Kultur wird. Wir geben ihm Möglichkeit zur kindlichen Art der Arbeit. Die Arbeit ist Grundstein für die Freiheit. Die Freiheit unserer Kinder hat als Grenze die Gemeinschaft, denn Freiheit bedeutet nicht, daß man tut, was man will, sondern Meister seiner selbst zu sein.

Was ist *Freiheit des Kindes*? Die Freiheit ist dann erlangt, wenn das Kind sich seinen inneren Gesetzen nach, den Bedürfnissen seiner Entwicklung entsprechend, entfalten kann. Das Kind ist frei, wenn es von der erdrückenden Energie des Erwachsenen unabhängig geworden ist. Dieses Freiwerden ist weder eine Idee, noch eine Utopie, sondern eine oft erfahrene Tatsache. Es ist eine Wirklichkeit, die wir dauernd erleben. Wir schließen damit nicht die Notwendigkeit der Kulturübermittlung, noch die notwendige Disziplin und auch nicht die Notwendigkeit des Erziehers aus. Der Unterschied ist allein der, daß in dieser Freiheit die Kinder voll Freude arbeiten und sich die Kultur durch eigene Aktivität erwerben, daß die Disziplin aus dem Kind selbst entsteht.

Kinder, die mit den bekannten Fehlern beladen in unsere Kinderhäuser und Schulen kommen, sind anfangs ungeordnet und unruhig. Sie stören sich und andere und laufen hin und her. Doch eine der vielen Tätigkeiten oder irgendein Material erweckt sehr bald ihr Interesse; und wenn sie dann anfangen, eine der Übungen zu wiederholen, wenn sie aufmerksam und konzentriert bei einer Beschäftigung bleiben, dann wissen wir, daß der Anfang der Rekonstruktion gemacht ist.
Die Unruhe der Kinder, die ungeordneten Bewegungen hören allmählich auf; und oft ist es so, daß alle Fehler gleichzeitig verschwinden, und zwar nicht nur während der Zeit in Kinderhaus und Schule, sondern auch in der Gesamtheit des kindlichen Lebens. Die Faulheit der Kinder verschwindet. Durch die Atmosphäre der Ruhe und durch das Gefühl, daß kein anderer Wille es führen und unterdrücken will, durch die Freiheit, die man ihm läßt, erwacht im Kind wieder eine spontane Aktivität, und es fängt an, freudig und konzentriert zu arbeiten. Schüchternheit und Angst verschwinden. Die Kinder werden sicher und frei in ihrem Benehmen und zeigen eine natürliche Bescheidenheit. Sehr rasch verschwinden die phantastischen Vorstellungen, und der Geist, dem Konzentrationsmöglichkeit fehlte und der umherirrte, ordnet sich und beginnt eine wunderbare Entwicklung. Nicht durch ein gewaltsames Loslösen von der alten Welt des Kindes wird eine solche Veränderung erreicht, sondern nur dadurch, daß man eine andere Stellungnahme des Kindes zur Umwelt ermöglicht. Man muß dem gesamten inneren Wachstum neue Wege

eröffnen, auf denen sich die tiefe Natur des Kindes entfalten kann.

Mit allen den bekannten Fehlern schwindet auch die zu starke Gebundenheit an andere Menschen, die immer eine Belastung für das Kind bedeutet. Es ist, als ob mit der Selbständigkeit die natürliche Würde wüchse; die Kinder werden unabhängig und frei und kommen zu einer Beherrschung ihrer Persönlichkeit und gegebener Situationen, die man bis dahin niemals einem Kind zugetraut hat.

Von Erwachsenen, die diese Kinder in unseren Kinderhäusern und Schulen beobachtet haben, ist oft gesagt worden, daß diese Umwandlung ans Wunderbare grenze, und unsere Eltern hat man von Montessoriwundern sprechen hören. Interessant ist die Feststellung, wie weit der Einfluß unserer Kinder auf ihre Eltern geht. Wir erleben immer wieder, wieviel Eltern von den Kindern lernen können.

Wir haben bei diesen Betrachtungen zwei verschiedene Naturen des Kindes erkannt. Die bekannte, die von den Psychologen studiert wird, mit der jeder Pädagoge rechnet, und die wir *anormal* nennen, und die verborgen gebliebene Natur des Kindes, die wir die *normale* nennen.

Wir sind bei unserer Arbeit von keiner Psychologie ausgegangen, aber wir haben eine große psychologische Entdeckung gemacht, wir haben das normale Kind gefunden.

Das Kind, das wir normal nennen, ist organisch verknüpft mit den Uranfängen seines eigenen Lebens, und sein ganzes Wesen, das sich im Stadium der Entwicklung befindet, ist durch ein inneres Gleichgewicht in Harmonie gebracht. Das andere Kind ist das, das vom Erwachsenen nicht verstanden wurde und dessen inneres Wachstum erstickt worden ist und in Spaltungen sich kümmerliche Wege suchte.

Wie oft hört man den Ausspruch, daß ein Erwachsener nicht das geworden ist, was er als Kind versprach. Er hat sich in seiner Kindheit nicht in Gesundheit entwickeln können, und seine Persönlichkeit ist zerrissen.

Die Eigenschaften, die ich normal nenne, werden von den Kindern auf eine so einfache, so zarte, ja man kann fast sagen, beinahe unsichtbare Weise geäußert, daß sie bisher niemals beachtet worden sind.

Das Kind hat uns gezeigt, daß in der Seele eines jeden dieser kleinen Menschen die persönliche Würde ruht, und daß ein Kind mehr fühlt und versteht, als der Erwachsene ahnt. Nur seine Ausdrucksmöglichkeiten sind geringer.

Durch die neue Haltung des Erwachsenen dem Kind gegenüber in Familie, Kinderhaus und Schule, durch die Achtung vor seiner schöpferischen Aufgabe, durch das Vorbereiten einer offenbarenden Umwelt werden die Kräfte im Kind gesammelt und nicht zersplittert, wird einer Persönlichkeit zur Entwicklung geholfen, deren innere Freiheit zur freien sittlichen Tat führt. Aus einem Naturgeschöpf wird ein Vernunftgeschöpf, das durch Sammlung und Stille zum sozialen Menschen heranwächst, das in der Harmonie des Gedankens und der Bewegung, des freien Willens und der Tat seine sittliche Persönlichkeit bildet. Das Geheimnis im Kind wird die Freiheit des Menschen sein.

Wir fordern von allen Erziehern Bescheidenheit und innere Einkehr. Wir fordern Achtung vor dem Kind vom ersten Tag seines Lebens an, damit nicht entartete Kinder zu entarteten Erwachsenen heranwachsen, sondern damit das von uns erkannte normale Kind der Menschheit seinen Segen bringe.

Die Erziehung muß dem Kind nicht nur helfen zur Erfüllung der großen Aufgabe, Mensch zu werden, sondern sie hat die physische und psychische Gesundheit der Menschheit in der Hand.

Die Fehler des kindlichen Wachstums und ihre Folgen sind so allbekannt und so allgemein, daß man fast sagen könnte, auf der Welt ist die Ordnung des sich entwickelnden Menschen noch nicht gesehen worden. Der Mensch leistet viele große Dinge, aber eins wird nur selten von ihm erreicht: die innere Disziplin einer Persönlichkeit. Wir haben erfahren, daß dieses Geheimnis von einem Kind viel leichter gelöst wird als vom Erwachsenen, und so kann uns das gesunde Kind das herrliche Bild eines Menschen von innerer Ordnung schenken.

Allein von der harmonischen und friedlichen Entwicklung der kindlichen Psyche hängt die Gesundheit oder Krankheit der Seele, die Stärke oder die Schwäche des Charakters, die Klarheit oder die Unklarheit des Geistes ab. Aus einem Kinde, das seine Entwicklung in der Form des Sklaventums durchgemacht hat, wird kein Erwachsener werden, der große Werke vollbringt.

(Handbuch der Erziehungswissenschaft, hrsg. v. F. X. Eggersdorfer u. a., Teil III, Bd. 1, München 1934, S. 265 ff.)

Geschaute Seelen

Die folgenden Worte sind von Pestalozzi: „Wer es (mein Unterrichten) sah, staunte über die Wirkung. Sie war freilich ein Meteor, das sich in der Luft zeigt und wieder verschwindet. Niemand kannte ihr Wesen. Ich erkannte es selbst nicht. Sie war die Wirkung einer einfachen, psychologischen Idee, die in meinem Gefühl lag, der ich mir aber selbst nicht bewußt war.

Es war eigentlich das Pulsgreifen der Kunst, die ich suchte – ein ungeheurer Griff – ein Sehender hätte ihn gewiß nicht gewagt. Ich weiß es selbst nicht und kann es kaum begreifen, wie ich nur durchkam ..."

„Die Mühseligkeit der gewöhnlichen Schulstimmung verschwand wie ein Gespenst aus meinen Stuben; sie (die Kinder wollten – konnten – harrten aus – vollendeten und lachten; ihre Stimmung war nicht die Stimmung der Lernenden, es war die Stimmung aus dem Schlaf erweckter, unbekannter Kräfte." (Pestalozzi: Seine Anstalt in Stanz.) *

Auch die folgenden Worte stammen von Pestalozzi: „Die Menschen wissen nicht, was Gott für sie tut – sie schreiben dem Einfluß der Natur auf die Erziehung keinerlei Bedeutung zu; dagegen rühmen sie sich all der Nichtigkeiten, die sie dieser allmächtigen Wirkung hinzufügen, als ob das Wohl des Menschengeschlechts nicht von der Natur, sondern von ihrer Geschicklichkeit abhinge."

„Je näher ich ihren Spuren folgte, desto mehr habe ich mich bemüht, ihr meine Handlungen anzupassen; desto mehr habe ich mich davon überzeugt, daß die Fortschritte der Natur ungeheuer groß sind, und daß das Kind in sich selbst die Kraft hat, ihnen zu folgen. Wichtig war nur, daß ich mir nicht die Leitung einer Maschine anmaßte, die, wenn sie aufgezogen war, von selbst ging."

Die Größe Pestalozzis besteht ganz und gar darin, daß er die Seele des Kindes geschaut hat, des Kindes, das „von selbst handelt und riesengroße Fortschritte macht", und daß er das

* Aus Pestalozzis Bericht über seine Anstalt in Stanz in „Wie Gertrud ihre Kinder lehrt", Erster Brief. [B. M.]

Unvermögen des Erwachsenen erkannt hat, gegenüber jener Kraft, die „von selbst wirkt". Es war nur eine Episode im Leben Pestalozzis, „ein Meteor, welches aufleuchtet und verschwindet, ein wundervoller Versuch, dessen Erfolge ganz unabhängig" waren. „Ich würde ihn nicht gewagt haben, wenn ich nicht blind gewesen wäre: Ich verstehe noch immer nicht, wie er mir gelungen ist."

Nichtsdestoweniger ist diese flüchtig gesehene Tatsache der Beweis der wirklichen Existenz einer wunderbaren, im Kinde ruhenden Kraft. Der Wert des Werkes Pestalozzis besteht darin, daß er die Entwicklung „aus dem Kinde" statt „aus der Erziehung" erkannt hat. Zwar geschah das nur in einem vom Augenblick eingegebenen Versuch, dessen Voraussetzungen nicht mehr vorhanden sind, darum auch nicht studiert oder wiederholt werden können. Er entdeckte „das Gold",* wenn er auch die nötigen Arbeiten, es aus der Mine zu heben und zu reinigen und seinen wertvollen Reichtum in der Welt zu verbreiten, weder kannte noch festzustellen vermochte.

Die großen, von uns bewunderten Pädagogen sind fast immer solche, die nach der Entdeckung der Kindesseele streben: Menschen, die den Glauben haben und jedes Opfer bringen, um in das Reich des reinen Geistes zu gelangen.

Ein solcher war auch Tolstoi. Seine Tochter Tatjana erzählte mir, daß das Hauptstreben ihres Vaters darauf gerichtet war, der Kindesseele die Freiheit zu geben. Die Gesetze Rabindranath Tagores, die in seinen Schulen in Indien befolgt werden, haben denselben Zweck. Eine reine Dichtung, eine tiefe, noch nicht klar ausgeführte Erzählung läßt uns die menschliche Seele und ihre Grundtragödie in dem dunklen Gefilde der Kindheit suchen.

Dieses große Gefühl ist weit von dem entfernt, was wir heute Pädagogik nennen – der Zusammenfassung aller „Nichtigkeiten, deren sich die Menschen rühmen – als ob das Heil der Menschheit von ihrer Geschicklichkeit abhinge". Die Vision Pestalozzis in der Schule in Stanz erinnert uns an etwas wirklich Dagewesenes. Die Kinder, welche wunderbar arbeiteten, ohne zu ermüden, welche „wollten, konnten, Aus-

* Vgl. S. 22 dieser Ausgabe [B. M.]

dauer und Erfolg hatten und heiter waren, anstatt angestrengt zu sein", sind Kinder, welche ohne Hindernis in ihrer Entwicklung fortschreiten können, ihren inneren Gesetzen gehorchend. Es sind die neuen Kinder, die, wie Pestalozzi sagt, einer anderen Rasse anzugehören scheinen.

Es handelt sich um natürliche und normale Erscheinungen, die das Kind jedoch in der komplizierten und ganz von Erwachsenen beherrschten sozialen Umgebung nicht zeigen kann, wenn es nicht besondere Bedingungen vorfindet, die ihre Offenbarung möglich machen. Wie alle natürlichen Phänomene fordern sie günstige äußere Bedingungen, um in Erscheinung treten zu können. Unter allen natürlichen Phänomenen sind diejenigen, die die Offenbarungen der Kinderseele betreffen, am meisten der Gefahr ausgesetzt, der Forschung verborgen zu bleiben, weil sie außerordentlich leicht unterdrückt und daher verdunkelt werden können. Wenn man eine zusammenfassende Darstellung meines Werkes geben wollte, müßte man von diesem Punkt ausgehen und sagen, daß seit ungefähr zwanzig Jahren in den Kinderhäusern ein Phänomen dargestellt ist, wie es von Pestalozzi beschrieben wurde. In den Kinderhäusern ist es gelungen, das Phänomen und die Bedingungen für seine Stetigkeit zu erforschen: dadurch, daß man eine Umgebung schafft, die den natürlichen seelischen Offenbarungen günstig ist.

Allmählich entwickelt sich das Studium der Umgebung und der äußeren Bedingungen, die für die normale seelische Entwicklung nötig sind, und bringt immer mehr Klarheit über wichtige Fragen dadurch, daß es die Faktoren bestimmt, die der Entfaltung der spontanen Energie des Kindes günstig sind. Unsere Schulen sind Arbeitsstätten, Laboratorien einer neuen Psychologie geworden. „Die neue Psychologie" ist die Redewendung, die die Amerikaner statt der Wendung „eine neue Pädagogik" gebrauchen. Die neue Psychologie ist aus dem hervorgegangen, was man in von uns weit entfernten Ländern mit innerem Nachdruck „die Entdeckung des Kindes" genannt hat.

(Die Neue Erziehung. VIII. Jhg. [1926]. S. 241 ff.)

Analyse

Wenn man die sensitiven Perioden beim Kinde betrachtet, zerlegt man seine Persönlichkeit gewissermaßen in ihre zeitlich aufeinanderfolgenden Perioden. Dabei ergibt sich eine die Erziehung fördernde Notwendigkeit: intensiv in der Gegenwart leben zu lassen, die die einzige Zeit im Leben ist, die wir nutzbar machen können. Bestehen die pädagogischen Probleme, die sich uns bei diesem Beginnen entgegenstellen, vielleicht darin, das zu erkennen, was das Kind in den verschiedenen Zeitpunkten seiner Entwicklung lernen muß, und ein Programm nach sensitiven Perioden zusammenzustellen, statt nach sozialen und philosophischen Grundsätzen? Die sensitiven Perioden sind der psychologische Führer der neuen Erziehung, weil sie das Alter angeben, das für die Arbeit geeignet ist, die recht eigentlich *die* Übung bedeutet, durch deren Ausübung die Lebensenergie nicht ermüdet, sondern entwickelt wird. Das innerste Problem der neuen Pädagogik besteht darin, jedem Kinde das zu geben, was seine *Gegenwart* jeweils verlangt.

Jedoch ist es nicht so leicht zu lösen, wie es beim ersten Blick scheint, weil wir bis jetzt gewöhnt waren, den Lehrstoff oder vielmehr die *Faktoren der Kultur* in einer in bezug auf die sensitiven Perioden nicht psychologischen Weise zusammenzufassen. Die erste Frage, vor die wir uns gestellt sehen, wäre also: In welchem Alter lehren wir Schreiben, Lesen, Rechnen und Musik? Aber das, was wir Schreiben, Lesen, Rechnen und Musik nennen, sind nicht Elemente, sondern Zusammenfassungen von Dingen. Es sind Komplexe, die ganz anders aussehen als das, was als eine „seelische Tat" oder eine „natürliche Neigung" bezeichnet werden könnte. Ist es möglich, daß das menschliche Geschöpf so organisiert wäre, daß zu seiner biologischen Entwicklung eine Übung in den vier Rechnungsarten oder einer Regel der Grammatik nötig wäre? Ist die Kultur vielleicht keineswegs etwas Kompliziertes und Künstliches, das keine direkten Beziehungen zu den natürlichen Phänomenen des Lebens in seiner Entwicklung haben könnte?

Die pädagogische Frage wendet sich also vor allem an diese künstlichen Komplexe, die die Faktoren der Kultur sind, „um sie in *ihre Elemente* zu zerlegen“, d. h. das zu tun, was man in meiner Methode *Analyse* nennt, indem man diesem Wort jedoch eine umfassendere Bedeutung gibt.

Die Analyse ist ein Auflösen in Elemente, das sich nicht so sehr auf die Materie der Kultur selbst bezieht als auf die „Person“, die sich Kultur aneignen muß, und die zur Aneignung dieser Kultur Anstrengungen verschiedener Art zu machen hat. Es wäre also eine Analyse, die von einem physiologischen oder psychologischen Gesichtspunkt ausgeht. Das Individuum, welches eine bestimmte Sache lernt, ist gezwungen, Hindernisse verschiedenen Grades zu überwinden. Die Gesamtheit der dabei gemachten Anstrengungen führt es schließlich dazu, sich den Kulturfaktor anzueignen, den wir gewöhnt sind, als ein unteilbares Ganzes anzusehen. Es genüge der Hinweis auf ein Beispiel: Die Handlung, ein Wort zu schreiben, bietet Schwierigkeiten ganz mechanischer Art, wie z. B. das Halten des Schreibinstrumentes und seine leichte Führung. Weiter gibt es eine mechanische oder Bewegungsschwierigkeit, nämlich, es so in der Hand zu führen, daß es die Form der Buchstaben des Alphabets, die zur Bildung eines Wortes nötig sind, wiedergibt. Eine Schwierigkeit anderer Art besteht darin, daß ein Wort sich gerade aus bestimmten aufeinander folgenden Buchstaben zusammensetzt und daß aus diesem Wort ein Sinn hervorgeht. Das ist eine Arbeit der Intelligenz, die ganz unabhängig von der mechanischen Handlung des Nachmalens der Schrift vor sich geht. Jedoch vermengen sich diese verschiedenartigen „physio-psychologischen Komponenten“ der Schrift bei der Handlung des Schreibens eines Wortes. Wer ein Wort schreibt, überwindet daher mit seinem physio-psychologischen Organismus Schwierigkeiten verschiedenen Grades. Betrachten wir irgendein Kulturfaktum, so kommen wir mehr oder weniger zu demselben Resultat: die einzelne Handlung ist das Ergebnis verschiedener Tätigkeiten des Organismus. Die Trennung dieser Schwierigkeiten bis zu äußersten Grenze des Möglichen nennen wir in unserer Pädagogik Analyse. Die Analyse besteht jedoch nicht in einem theoretischen Studium dieser verschiedenen Elemente. Sie findet tatsächlich nur statt, um uns in das Gebiet der praktischen Pädagogik zu führen. Für jedes Element muß eine vollständige, selbständige und interessante Übung vorbereitet werden, so daß etwas gebildet wird, das selbst bestehen kann und nicht etwas Unvollständiges, wie es der Teil eines Ganzen sein würde. Bei der Analyse wird das physiologische Element mehr berücksichtigt als das Kulturfaktum; es gilt, dieses physiologische Element in irgendeiner Form besonders zu entwickeln, weil es vor allem die *physiologische Haltung* vorbereiten hilft. Um die Sache zu erläutern: Man kann das Handhaben des Schreibinstrumentes durch verschiedenartige bunte Zeichnungen vorbereiten, die sich direkt zu einer dekorativen Kunst entwickeln können (unsere sogenannte Kunst der Einsatzformen), ohne daß dadurch auch nur eine Ahnung davon aufkäme, daß es sich um die Vorbereitung eines physiologischen Elementes der Schrift handelt. Wir bereiten die Fähigkeit, die Buchstaben des Alphabetes nachzuzeichnen, dadurch vor, daß wir das Kind lehren, mit den Fingern alphabetische Formen aus Sandpapier, die auf Glanzpapier geklebt sind, zu berühren, und daß wir die zarten, empfindlichen Spitzen der kindlichen Finger mehrere Male über die Zeichen hinfahren lassen, die einzeln und im Sinne des Schreibens berührt werden. Schließlich kommt es dadurch zur intellektuellen Arbeit des Zusammensetzens des Wortes, daß man die verschiedenen Buchstaben des Wortes nebeneinander legt; man gebraucht dazu ein bewegliches Alphabet, aus dem das Kind die Zeichen wählt, die den einzelnen Lauten, den Bestandteilen des Wortes, entsprechen. Das ist eine Arbeit des Sinnesgedächtnisses und der Intelligenz, die ohne jeden Zweifel höher steht, als die mechanischen Bestandteile des Schreibens und die eine geistige, von ihnen unabhängige Übung bildet. Diese drei Übungen zusammen machen das Schreiben aus. Reifliche Überlegung zeigt, daß auf diese Weise eine derartige Vorbereitung der Hand erreicht wird, daß sie eine vollkommene *Schönschrift* zur Folge hat, zu der noch die Fähigkeit kommt, unter Vermeidung aller orthographischen Schwierigkeiten Wörter zusammensetzen zu können. Und doch hat das Individuum noch nie geschrieben. Seine Fähigkeiten haben sich nur mittelbar entwickelt. Es wird der Tag kommen, an dem durch eine Art innerer Synthese, sei es durch eine Empfindung, eine Gefühlserregung oder einfach durch die Reife, das wunderbare Phänomen hervorgerufen wird, das wir „Explosion des Schreibens“ nennen.

Das läßt uns an chemische Verbindungen denken. Wasserstoff und Sauerstoff z. B. sind die Elemente des Wassers, aber sie sind nicht Wasser. Sie sind nicht einmal kleinste Teilchen des Wassers; sie sind ganz etwas anderes: Es sind zwei chemische Elemente, die als Moleküle selbständig existieren, verschieden voneinander, verschieden vom Wasser. Doch wenn durch ihr Gemisch ein elektrischer Funke schlägt, bildet sich Wasser.

Mir will es scheinen, daß der chemische Vergleich mit unserem Phänomen aus der pädagogischen Analyse vollkommen übereinstimmt. Das Interessanteste ist, daß diese drei Elemente der Schrift für drei *verschiedene Zeitpunkte des Lebens* geeignet sind. Während das Zeichnen das Kind bereits im Alter von drei Jahren zu interessieren beginnt und fortgesetzt wird, bis der Sinn für künstlerisches Zeichnen sich entwickelt, ist die Übung des Berührens der Buchstaben nur den Kindern von vier und viereinhalb Jahren interessant. Hier ist das Interesse weit geringer als beim Zeichnen, aber mehr als genügend, um die exakte und vollkommene (kalligraphische) Bewegung festzuhalten, die zum Nachmalen der Zeichen nötig ist, weil die Übung gerade in die sensitive Periode fällt. Der andere Faktor dann, das Zusammensetzen der Wörter, das bei einem Kinde von drei Jahren durchaus unerreichbar ist, beginnt mit vier und viereinhalb Jahren, wird (wie das Zeichnen) über das fünfte Jahr hinausgeführt und begleitet das wirkliche Schreiben noch einige Zeit. Die verschiedenen Elemente stellen sich also nicht nur in verschiedenen Perioden des Lebens ein, sondern jedes von ihnen dauert eine ganz verschiedene Zeit, d. h. jedes Element verlangt eine größere oder kleinere Anzahl Übungen, um sich vollkommen einzuprägen. Wenn man überlegt, daß das vom Schreiben Gesagte sich von fast allen Kulturfakten wiederholen läßt, ergeben sich Folgen von außerordentlichem praktischen Interesse. Die Schwierigkeiten des Lernens kommen meist daher, daß die verschiedenen Elemente einander oft hindern. Untersucht man die Elemente, so findet man, daß manchmal die *größte Schwierigkeit* durchaus geringfügigen Hindernissen entspringt; man kann sogar sagen, daß die Hauptursache der Anstrengung und Ermüdung, die die Kinder während des Lernens spüren, unentbehrlichen Elementen geringfügiger Art zuzuschreiben ist, die nicht vorher entwickelt wurden. Nun muß das Individuum die *Anstrengung* ertragen, *sich in das Kindesalter zurückzuversetzen* und außerhalb der eigentlichen Zeit das Element vorzubereiten, das unentbehrlich ist, um die urteilende und schaffende Intelligenz zu fördern; es wäre ihm *leicht* geworden, schnell und ohne Hindernis auf der höheren Stufe weiterzugehen, die es durch natürliche Entwicklung erreicht hat.

Die Anekdote von Viktor Alfieri, die in italienischen Schulen so oft erzählt wird, stellt eine Übertreibung der gewöhnlichen Tatsache dar, die sich in allen höheren Schulen, sogar in den Universitäten, findet. Alfieri ist der Mann, der dem literarischen Genie, das er sehr spät in sich entdeckt, Ausdruck geben *will*. Er muß also wieder beginnen, viele Schwierigkeiten des Lernens zu überwinden, die für ihn viel größer als für ein Kind sind. Seine heldenmütige Anstrengung bedeutet in Wirklichkeit eine Rückkehr in die Kinderzeit. Denn das „Dichten“ wäre für seinen Geist keine Anstrengung, es ist aber eine Anstrengung, lernen zu müssen, wie man sich auszudrücken hat. Das Beispiel ist gut gewählt, um die Jugend anzuspornen, Geduld zu üben und durch reine Willensanstrengung eine künstliche Beharrlichkeit bei ihren Studien zu erreichen; denn diese Studien sind, wenn auch in geringerem Grade, voll derselben Schwierigkeiten. Etwas im Inneren möchte zu höheren Zielen eilen, aber die Seele wird gezwungen, unten zu bleiben, um verspätet eine nun geistlose Vorbereitung nachzuholen.

Unsere Auffassung von Analyse geht gerade auf diese Schwierigkeit der fortgeschrittenen Studien ein. Es ist schon ein praktischer Fortschritt, die Elemente voneinander trennen zu können, wenn sie verschiedener Art sind. Es ist für das Kind von großer Bedeutung, wenn wir feststellen, daß ihm etwas Einfaches fehlt, das es zum Gelingen der höheren intellektuellen Arbeit erwerben muß. Die Erkenntnis, daß, wenn das Hindernis für sich überwunden ist, alles erfolgreich und mühelos fortschreiten wird, wirkt als Befreiung der Intelligenz.

Der umgekehrte Fall, daß sich dem Kinde ein intellektuell zu hohes Element entgegenstellt, ist sehr selten und praktisch ohne Bedeutung. In der Tat kann die unreife Intelligenz nicht zu etwas gelangen, was über ihren Horizont geht, und recht schnell hat die Praxis die notwendige Arbeit der Ausscheidung geleistet. Das Gegenteil jedoch bleibt und kann bis in alle Ewigkeit bleiben und die besten Kräfte der Intelligenz aufbrauchen, weil man den Appell an die Willenskraft, an das „Opfer" machen kann und so die auf Höheres gerichteten Energien auf einer tieferen Stufe aufhält.

(Die Neue Erziehung. VIII. Jhg. [1926]. S. 243 ff.)

Das Werk des Kindes

Aus dem Vortrage, der zur Eröffnung des Lehrer-Ausbildungskursus in Mailand im Februar 1926 gehalten wurde

Die Größe eines Volkes, die Vervollkommnung der Menschheit, der Friede unter den Menschen: alles liegt in der Seele des Kindes beschlossen. Wir alle blicken auf das Kind, weil wir erkannt haben, daß bei ihm noch alles werden kann, daß in ihm noch alle Möglichkeiten vorhanden sind, während der Erwachsene wohl Gedanken und Grundsätze ausdrücken kann, sich aber mehr oder weniger auf sie festgelegt hat und sich nur schwer noch ändern kann.

Wie in den letzten Jahrzehnten die körperliche Pflege des Kindes so bedeutende Fortschritte gemacht hat, so ist auch die Geschichte der Schule und der Erziehung eine Geschichte der Erlösung geworden, die uns zeigt, wie die Erziehungsmethoden immer milder werden, sich immer mehr entfernen von dem Spruche Salomonis: „Wenn ihr das Kind nicht strafet, so werdet ihr es nicht retten. Fürchtet nicht, daß die Ruten es töten: sie befreien seine Seele von der Hölle." Jeder Fortschritt in der Erziehung bedeutet ein Brechen dieser Ruten. – Ein neues Problem erfüllt uns ganz: Ist es nötig, die kleine Blüte der Menschheit mit harten Strafen zu behandeln und sie in düstere Schulen einzuschließen? Ist es wirklich nötig, daß das Kind bis zu seiner vollen Entwicklung wie in einer Strafanstalt lebe, um ein guter Staatsbürger und ein gebildeter Mensch zu werden?

Claparède sagt, daß das Kind, um zu lernen, wohl leiden müsse, daß wir aber alles versuchen müßten, um sein Leiden auf ein Mindestmaß zu verringern. Ich halte es aber nicht mit einer Milderung des salomonischen Spruches, sondern mit einem ganz anders gerichteten Spruche: „Wenn ihr nicht umkehret und wie die Kinder werdet, so werdet ihr nicht ins Himmelreich kommen."

Das Werk der Reform liegt also nicht so sehr in der Schule wie in der Seele des Erwachsenen: es beruht auf seiner Güte und auf der Erkenntnis seines Fehlers; es beruht nicht nur auf der Vorbereitung des Lehrers, sondern auch auf der Vorbereitung der Eltern und all derer, die an dem Werke der Erziehung teilnehmen.

Ich wiederhole immer wieder, daß derjenige nicht für die Aufgabe des Erziehers vorbereitet ist, der glaubt, daß er die Seele des Kindes bilden, ihm Charakter, Intelligenz und Tugend geben könne. Der Erzieher muß erkennen, daß im Kinde, wie schon im kleinsten Lebewesen, eine Entwicklungsrichtung angelegt ist, die stärker ist als alle Einwirkung von außen, durch die wir weder einen Grashalm erschaffen, noch unserer eigenen Gestalt einen Millimeter hinzufügen können.

Der Erzieher, der das erkannt hat, wird bescheiden sein und begreifen, daß das Kind sich in Frieden, den Gesetzen des Lebens gehorchend, entwickeln muß.

Was ist die Aufgabe der Erziehung? In *Geduld* zu erwarten, daß die Phänomene in Erscheinung treten. Und wessen bedarf der Lehrer, um in bescheidener und geduldiger, in vollkommener Weise dem zarten Leben, das in der Entwicklung begriffen ist, helfen zu können? Mit *Liebe* muß er sein Werk beginnen. Aber nicht von einem unklaren Wunsch zum Guten darf er nur beseelt sein: Streng sachliche, methodische, wissenschaftliche Untersuchung der Wirklichkeit muß ihm zur Seite stehen.

Der Methode, die vor Ihnen in den folgenden Vorträgen entwickelt werden soll, lagen keine philosophischen Studien zugrunde, sondern meine Vorbereitung bestand in der Ausübung der ärztlichen Tätigkeit in der Umgebung kranker Kinder, die man pflegen und zur körperlichen Gesundheit zurückführen mußte. Diese Kinder waren durch ihre Konstitution zu dauernder geistiger Minderwertigkeit verurteilt, wie sie sich bei Idioten, Epileptikern und Nervenkranken zeigt, und sie scheinen am wenigsten dazu geeignet, Licht in das Problem der Erziehung zu bringen. Aber wenn wir uns einem idiotischen Kinde gegenübersehen, so begreifen wir sofort, daß der Erzieher hier alle Vorurteile fallen lassen muß, daß kein Lehrer daran denken kann, einen Lehrplan durchzuführen. Er wird sich bestreben, sein Elend zu lindern, seinem Geiste zum Vorwärtsdringen zu helfen. Der Gedanke zu unterrichten macht dem Streben Platz, dem Leben zu helfen, die Persönlichkeit zu entwickeln. *Wir sehen einen neuen Weg, weil wir hier nicht mehr von uns selbst, von unserer Kultur ausgehen können, sondern weil wir vom Kinde ausgehen müssen.* Bei diesen anormalen Kindern ergaben sich psychologische Tatsachen, die zeigen, daß der Lehrer, wenn er wirklich fördern will, dem Kinde nachgehen, sein eignes Handeln, sein Vorgehen *vom Kinde abhängig machen muß, nicht umgekehrt.* Ich erinnere hier an die Geschichte jenes unglücklichen idiotischen Kindes, das der „Wilde von Aveyron" genannt wurde, dem man es verdankt, daß der erste Stein zum Aufbau einer wissenschaftlichen Erziehung gelegt wurde. Man glaubte lange Zeit, daß dieses Kind taub sei, weil es den Lauten der menschlichen Stimme gegenüber ganz unempfindlich blieb. Als man in seiner Nähe eine Pistole abschoß, schien es auch auf diesen Lärm nicht zu hören. Da entdeckte man, daß der kleine Wilde ganz leise Geräusche, die das Zusammenstoßen zweier Nüsse hervorbrachte, wohl vernahm, und daß ihm das Geräusch der Wassertropfen, die zur Erde niederfielen, nicht entging. Weil er so lange am Herzen der Natur gelebt hatte, verstand und liebte er sie; ihn *interessierten* ihre feinsten Geräusche, die unseren Ohren entgehen.

Was konnte der Lehrer angesichts solcher Tatsachen anderes tun, als *die Wege zu suchen*, auf denen er in den verschlossenen Geist des Knaben eindringen konnte? Hier sieht man deutlich, wie der Lehrer in seiner Arbeit vom Kinde abhängt. Den Weg, den er in der Erziehung zu gehen hat, lehrt ihn weder tiefes Denken noch vieles Wissen noch sein gutes Herz, sondern es bedarf einer peinlich genauen und geduldigen Beobachtung nach wissenschaftlicher Methode, die uns die Mittel anzeigt, deren sich die kindliche Persönlichkeit zu ihrer Entwicklung bedienen kann.

Die Geschichte dieser Untersuchung reicht geraume Zeit zurück. Zwei französischen Ärzten, Itard und Séguin, gelang es, in einem Zeitraum von fünfzig Jahren eine ausgezeichnete Methode für die Erziehung schwachsinniger Kinder auszuarbeiten. Ihr Werk war die Frucht eines geduldigen Studiums das schon in leuchtenden Linien zeigt, was man für die Erneuerung der Erziehung zu tun hat: *man muß einzig und allein das Wohl des Kindes, die Entwicklung und Vervollkommnung aller Seiten seiner Persönlichkeit im Auge haben.*

Meine Methode ist eine *Anwendung dieser Grundsätze auf das normale Kind.* Sie umfaßt heute die Studien und Erfahrungen eines Zeitraumes von zwanzig Jahren. Mit Bescheidenheit, Geduld und Liebe muß man sich *neben* das Kind stellen, und mit Hilfe der Wissenschaft muß man versuchen, die feinsten Regungen seiner Seele zu erkennen und zu verstehen, die verborgenen Notwendigkeiten dieses neuen Wesens, das seine eigenen Wünsche noch nicht in Worten und durch Fragen zu erkennen geben kann, zu entdecken, um durch diese Erfahrungen die adäquate Behandlung festzustellen, die ihm die Mittel zum Leben und zur Entwicklung gibt. Können Sie sich eine Erziehung vorstellen, die von der Sorge ausgeht, daß das Kind ein guter Staatsbürger und ein gebildeter Mensch werde, die aber die Bildung seiner Seele, seiner Persönlichkeit vernachlässigt? Nein, Sie werden sagen: Worauf es ankommt, ist, daß Du o Kind, den heiligen Samen, der tief in Deine Seele gelegt ist, entwickelst, und ich, Dein Lehrer, will Dein Helfer sein.

Da die menschliche Seele sich nicht von Brot, sondern von geistiger Größe nährt, da die Intelligenz sich von Wissen, der Wille sich von spontaner Aktivität nährt, so müssen wir, wenn wir ein gesundes Kind erziehen wollen, ihm geben, was es braucht: Erlebnisse, Erfahrungen und Wissen, Gelegenheit zur Entfaltung seiner Aktivität. Das Kind will verstehen, handeln, wachsen, sich entwickeln. Daraus geht hervor, daß, wenn wir versuchen, sein Leben dementsprechend zu gestalten, wenn wir ihm Gelegenheit geben, seinen Charakter und sein Gemüt zu entwickeln, wir es auf die beste Art unterrichten, und daß es ihm dann an Wissen nicht fehlen wird. Dann fehlt ihm auch die Schönheit und Gesundheit des Körpers nicht, weil auch physische Körper sich nicht nur vom Brote, sondern auch von der Zufriedenheit des Herzens nährt.

Eine Zeitlang wurde dieser Weg der Erziehung die *„neue Methode"* genannt. Bald aber erkannte man, daß *das Kind* der Mittelpunkt des Werkes ist. Die Kinder sind es, die uns eine bessere Menschheit als die unsrige erleben lassen, eine Menschheit voller Ursprünglichkeit, Kraft und Schönheit. Wenn wir die Kinder nicht in unsere Formen pressen, sehen wir, daß sie Tugenden besitzen, die wir ihrem frühen Lebensalter kaum zutrauen: unermüdlichen Tätigkeitstrieb, Nächstenliebe, innere Disziplin.

Die Kinder haben also dieses Erziehungswerk, das ich vor Ihnen entwickeln will, hervorgebracht, und sie haben diese Ideen in der Welt verbreitet. Eltern und Lehrer haben gewünscht, daß die Kinder so heranwachsen möchten, und in manchen Ländern wünschten auch die Behörden, daß die Kinder so erzogen würden, weil von ihnen die Zukunft und das Heil der Völker abhängt.

Werke von Männern und Frauen haben wir schon viel gesehen; nun, dies ist das Werk des Kindes.

(Die Neue Erziehung. VIII. Jhg. [1926]. S. 641 ff.)

Die Umgebung

Unsere Methode hat in der Praxis mit den alten Traditionen gebrochen. Sie hat die Bänke abgeschafft, weil das Kind nicht mehr bewegungslos dem Unterricht der Lehrerin zuhören soll. Sie hat das Katheder abgeschafft, weil die Lehrerinnen keine üblichen Gesamtübungen, wie sie allgemein als nötig erachtet werden, machen sollen. Diese Dinge sind die ersten äußeren Schritte einer tieferen Umwälzung, die darin besteht, das Kind frei, seinen natürlichen Neigungen entsprechend, handeln zu lassen: Ohne irgendeine feste Bindung, ohne ein Programm, ohne die philosophischen und pädagogischen Vorurteile, die hieraus entspringen und sich in den alten schulischen Auffassungen fest vererbt haben.

Das neue Problem fußt vielmehr auf folgendem: Dem aktiven Kinde eine angepaßte Umgebung zu schaffen. Das ist eine augenscheinliche Notwendigkeit; denn – haben wir die Stunden abgeschafft, und haben wir uns vorgenommen, sie durch die Tätigkeit des Kindes selber zu ersetzen, so ist es notwendig, dieser Aktivität greifbare Dinge zu geben, an denen das Kind sich üben kann. Der erste Schritt ist, die Klassen in richtige kleine Kinderhäuser umzuwandeln und sie mit solchen Dingen auszustatten, die der Statur und den Kräften der hier beherbergten Wesen entsprechen: Kleine Stühle, kleine Tische, kleine Waschtische, verkleinerte Toilettengegenstände, kleine Teppiche, kleine Anrichteschränkchen, Tischtücher und Geschirr. All dies ist nicht nur von kleinen Ausmaßen, sondern auch ziemlich leicht an Gewicht, um dem Kind von drei oder vier Jahren zu ermöglichen, die Dinge zu bewegen, ihren Platz zu ändern oder sie auch in den Garten oder auf die Terrasse zu transportieren. Nicht nur dem Körper des Kindes ist es leicht, gerecht zu werden, sondern auch der kindlichen Mentalität, weil sie kleiner und weniger kompliziert als die unsere ist.

Der große Fehler des Spielzeugs ist gerade der, das Kind mit dem Faksimile unserer komplizierten Gegenstände in Miniatur zu umgeben, mit den Gegenständen, die unserer Mentalität entsprechen. Angefangen von den Schränken für Puppen und aufgehört mit den Kriegsschiffen. Hingegen sind die

Kinder geradezu entzückt, wenn sie einfachere Gegenstände finden, die anders als die unseren konstruiert sind. Das zeigen sie oft, indem sie selbsthergestellte oder zurechtgemachte Gegenstände dem teuren Spielzeug vorziehen. Hängt einen hübschen Vorhang auf anstatt einer Tür (an die das Kind nicht heranreicht), gebt einfache Tischchen, die keine Stütze haben und somit transportierbar sind, anstatt der Schubladen, gebt kleine Regale (Bordbrettchen), d. h. also Gegenstände, auf die das Kind etwas hinauflegen kann oder die sich zerlegen lassen, und ihr werdet einen echten und wahren Enthusiasmus in der kleinen brüderlichen Gemeinde der Kinder wachsen sehen. So wird die Schule aus einem Marterinstrument zu einer Stätte der Freude und hat den großen Vorteil, die Unkosten für die Ausrüstung der Klassen so gering zu gestalten. Die Ausgaben werden unvergleichlich geringer sein als für die imposante Instrumentenkammer von Bankmonumenten aus schwerem Holz und Eisen, für die enormen Schränke, für die bedrückenden Katheder und für ähnliche Instrumente, die in so großer Anzahl hergestellt wurden, um die Kräfte unserer schönen Kindheit lahmzulegen.

Ist die Schule mit kleinen und zierlichen Möbeln eingerichtet, so wenden wir uns an die kindliche Aktivität: die unordentlich stehenden Möbel werden wieder an ihren Platz gestellt, sie werden ausgebessert, wenn sie beschädigt waren, sie werden gereinigt, abgewaschen, abgestaubt und poliert. Es überrascht, wie geeignet Arbeit in dieser Form für die Kinder ist: sie reinigen, säubern und ordnen in der Tat. Sie tun es mit immensem Vergnügen und erreichen so eine frühzeitige Geschicklichkeit, die fast wunderbar erscheint und die eine wirkliche Offenbarung für uns ist, für uns, die wir den Kindern nie die Möglichkeit gegeben haben, in geschickter und intelligenter Weise ihre Aktivität auszuüben.

In der Tat, wenn die Kinder versuchten, Dinge zu benutzen, die nicht Spielzeuge waren, wurden sie prompt von einem; „nicht anfassen" oder „sei ruhig" gehemmt, das sich mehr oder weniger ermüdend jedesmal wiederholte, wenn ihre Händchen sich unsern Gegenständen näherten. Nur manchen armen Kindern war das Privileg vorbehalten, die Wäsche waschende oder kochende Mutter (heimlich versteht sich) nachzuahmen. Aus diesem Grund fühlen sich die Kinder im

Kinderhaus wie in einem Zentrum des glücklichen Lebens, wo so viele kleine Gegenstände zu ihrer Verfügung stehen, mit denen sie ernsthafte Arbeiten verrichten können, vom Tischdecken, Essenservieren bis zum Abdecken, Teller- und Gläserspülen usw. Die Ursache ist die Liebe, die die Kinder für diese fast heiligen Dinge fühlen, die sie vorher nicht anfassen, geschweige denn benutzen durften. Die Kinder sind zu einer Vervollkommnung gekommen: sie haben gelernt, sich zu bewegen, ohne die Dinge umzustoßen, Gegenstände zu tragen, ohne sie zu zerbrechen, zu essen, ohne sich zu beschmutzen, sich die Hände zu waschen, ohne die Kleider naß zu machen usw. Hier sehen wir, daß die Gegenstände, für die man so zitterte, intakt bleiben, trotz ihrer Zerbrechlichkeit und trotzdem sie die Umgebung der Wesen bilden, die als Zerstörer zurückgehalten wurden.

Die Freude, die die Kinder in unseren Schulen haben, und der so einfache Gedanke, ihre Aktivität auf die Dinge ihrer Umgebung, die sie sorgsam behüten, zu lenken, anstatt eine Menge von Material und kindlicher Energie zu vergeuden (wie es bei vielen heute abgeschafften Arbeiten gerade von Fröbel vorkam, die der erste Grund zu einer in der Kindheit verbreiteten Kurzsichtigkeit waren) sind zwei von den Hauptfaktoren der außerordentlichen Verbreitung der Methode in der ganzen Welt.

Unsere Arbeit und unsere Umgestaltung sind nicht nur auf die Umgebung und den Kindern angepaßte Materialbeschäftigungen beschränkt, sondern auch das kindliche Studium, d. h. die intellektuelle Erziehung, haben wir in analoger Weise organisiert.

Das Kind bewegt sich nicht nur fortgesetzt, sondern lernt auch andauernd. Darum besteht das Bedürfnis, psychische Kräfte an praktischen Dingen zu üben, eine wesentliche Offenbarung, die der Erkenntnis des Bewegungstriebes nicht nachsteht. Die kindliche Lernweise kann also vom Erwachsenen nicht Schritt für Schritt geleitet werden, weil es nicht der Erwachsene ist, sondern die Natur, die in dem Kinde ein jeweils verschiedenes Verhalten, seinem Alter entsprechend, bestimmt (sensitive Perioden). So ist es bei unserer Methode: anstatt der Lehrerin, die das Kind dahin führt, bestimmte Dinge zu nehmen und zu benutzen (wie es z. B. in der Fröbelmethode bei den sogenannten „Gaben“ von Fröbel ist), ist es das Kind selbst, das einen Gegenstand wählt und seinem schöpferischen Geist gemäß „benutzt“. Die Lehrerin lernt eine neue Kunst: anstatt in den kindlichen Kopf Begriffe zu drängen und zu zwängen, dient sie ihm und leitet es in seiner Umgebung den Dingen entgegen, die den eigenen inneren Bedürfnissen seines jeweiligen Alters entsprechen. Und wie es keine intellektuelle Entwicklung ohne Übung gibt, so gibt es auch keine Übung ohne einen Gegenstand, an dem man sich übt. *Es ist nötig, für die Umgebung des Kindes Entwicklungsmittel vorzubereiten* (die durch wissenschaftlich begründete Erfahrungen und nicht durch philosophische Ideen festgelegt sind), und dann das Kind frei zu lassen, damit es sich an diesen Mitteln entwickelt. Auf diese Weise trifft jedes Kind seine eigene Wahl und findet Gefallen an den Übungen mit einem wissenschaftlichen Material, das Schritt für Schritt die geistige Entwicklung begleitet.

Die Wahl ist vom Instinkt inspiriert, den die Natur in jeden wie einen Führer für die Handlungen des psychischen Wachstums legt. Diese Handlungen entwickeln sich mit großer Energie und größtmöglichem Enthusiasmus. Die Kinder erfüllen ohne zu ermüden, so große Aufgaben, wie sie keine Lehrerin sich auch nur im Traume anzuordnen getraut hätte.

Das vereinfacht und bringt die Schule in einer Weise vorwärts, die fast fabelhaft erscheint. Die Kinder in Ruhe lassen, sie nicht in ihrer Wahl und ihren spontanen Arbeiten hemmen – das ist alles, was man verlangt. Gerade an diesem Mangel an Einfluß der Erwachsenen, den man für unerläßlich hielt, kommt es auch auf dem Gebiet der Kultur zu wirklichen Riesenschritten. Das Kind, dieses überraschende Wesen, hat uns noch anderes offenbart, was es zwischen vier und fünf Jahren, dem geeignetsten Alter, um lesen und schreiben zu lernen, zeigt. So geschieht es, daß unsere Kinder außer der Entwicklung und Vervollkommnung ihrer Sinne in einem frühzeitigen Alter Kulturelemente erwerben, die ihnen erlauben, die zweite Elementarklasse zu besuchen, während andere Kinder kaum danach streben, in die erste Klasse einzutreten. Dieser Fortschritt gebührt auch der Tatsache, daß in unserer Methode der minimale Kraftaufwand, das große Problem der individuellen Erziehung, bestimmend ist, das

Problem, das neuerdings die wissenschaftliche Welt zu lösen gesucht hat, ohne aber zu praktischen Resultaten zu kommen. In der Tat, trotzdem alle Universitäten der Welt ihren Studienbeitrag gegeben haben, blieb der Zustand der Schule fast unverändert. Der einzige Unterschied, der in die Klassen getragen wurde, war, die Schülerzahl zu verringern, weil die Lehrerin, die jedes Individuum einzeln studieren muß, nicht mehr als eine äußerst begrenzte Schülerzahl unter sich haben kann. Die Methode bleibt aber die alte, passive Methode, die ein neues Kleid anhat.

Man verlangte neue spezialisierte Lehrer, denen man die minutiöseste und ermüdendste Arbeit gab, zweifellos auch viel und verschiedenes Arbeitsmaterial. Aber die dem Kinde aufgezwungenen Ideen, seine Unterwerfung gegenüber dem Führer und der Willkür des Urteils vom Erwachsenen blieben unverändert. *Diese Lehrer waren noch mehr als zuvor davon entfernt, die Individualität zu erkennen, die sich selbst unbekannt ist.* Sie strebt danach, sich vor dem Druck zu verbergen, wie die Mimose sich bei einer Berührung von außen zusammenlegt.

Die Erwachsenen glaubten nicht, daß ein Wesen zu seiner natürlichen Bestimmung gelangen könne. Sie dachten nicht darüber nach, daß es eine einzige Möglichkeit dazu geben würde: Diesem Wesen die Mittel geben, durch die sich Persönlichkeit und Charaktereigenschaften offenbaren und entwickeln können und die Freiheit, damit das Kind von sich aus dahin gelange, wohin die Natur es führen will.

Diese Mittel gibt unsere Methode den Kindern, ohne daß es notwendig ist, ihre Anzahl in den Klassen zu begrenzen, ohne daß sie eine enorme Quantität von Material benutzen und vergeuden und ohne daß sie sich an über ihnen stehende Personen zu wenden haben, die hoch und wissenschaftlich vorbereitet sind. Bei uns beschäftigt sich jedes Kindchen mit einer verschiedenen Übung und kann darum eine individuelle Erziehung erhalten, auch wenn es den Teil einer Klasse von mindestens vierzig Kindern bildet. Bei uns ist ein Satz des „Materials“ ausreichend für die ganze Klasse. Bei uns schließlich hat die Lehrerin keine andere wissenschaftliche Vorbereitung nötig, als die, auf die Seite zu gehen und die Kunst anzuwenden, sich selber auszuschalten und somit nicht das Wachstum des Kindes in seinen verschiedenen Tätigkeiten zu hemmen. Diese Art der Lösung des Problems wird vielleicht außerordentlich einfach erscheinen. Trotzdem ist die praktische Vereinfachung ein unbestreitbarer Fortschritt auf dem Felde der Erziehung. Jeder wissenschaftliche Fortschritt, praktisch angewendet, hat das Leben vereinfacht und wieder zu neuen Fortschritten neue Kräfte freigemacht. Parallel gilt, um die Idee klarzumachen:

Würde man die Photographie *nicht* kennen, so müßte man über das absolut naturgetreue Bild, das man von einer Person erhalten kann, erstaunt sein. Das würde also heißen, daß die Person, die als ein so naturgetreues Bild ihrer selbst reproduziert werden will, einen Augenblick stillsteht – lächelt. Sofort würden viele Personen, die länger als einen Augenblick stillgestanden sind, einzuwenden haben, daß kein Bild von ihnen erschienen ist. – Es genügt also nicht, nur stillzustehen, sondern außer der Person muß noch ein photographischer Apparat vorhanden sein. Dann braucht der Photograph nichts von Physik und Dunkelkammer zu verstehen. Seine einzig notwendige Kenntnis besteht darin, eine Platte bewegen zu können und für einen Augenblick das Objekt abzudecken. Die ganze wissenschaftliche Seite hat hier nichts mit der praktischen zu tun. Nur so können die Produkte der Wissenschaft den Fortschritt in der Welt verwirklichen.

So ist es auch in der Schule, auf dem Felde der Erziehung. Solange die Wissenschaft mit ihren Versuchen den Weg versperrt, wird sie keine Früchte tragen. Nur wenn die wissenschaftliche Arbeit sich selber ausscheidet und ihre praktischen Resultate, die die Schule vereinfachen, freigibt, bedeuten sie für Kinder wie für Lehrer eine Erleichterung. Erst als die wissenschaftliche Seite unserer Arbeit eine „Umgebung“ für die psychische Entwicklung des Kindes festgesetzt hatte, kam die wahre Schulreform ans Licht, die schwierigste Probleme mit größter Einfachheit löste.

(Die Neue Erziehung. XII. Jhg. [1930]. S. 86 ff.)

Das Verstehen des Kindes

Für meine Untersuchungen ist es charakteristisch, daß ich nicht den üblichen Weg der wissenschaftlichen Forschung gegangen bin, der das Ziel hat, etwas zu entdecken, wie etwa die Reaktion auf einen bestimmten Reiz. Meine Ausgangspunkte waren spontane Äußerungen des Kindes, durch die seelische Erscheinungen deutlich wurden, die man vorher noch nicht beobachtet hatte und die äußerst überraschend waren. Gerade diese Erscheinungen haben meine Methode bekannt gemacht, nämlich die Aufmerksamkeit und Konzentration unserer Kinder, ihre Disziplin, die Freude und die Heiterkeit, mit der sie ihre Arbeit tun, alles das überstieg die Erwartungen, die man sich von einem Experiment hätte machen können. Am Anfang des Weges steht also eine Entdekkung, die nicht, wie man gewöhnlich annimmt, erst die Frucht fleißiger Forschung war.

Diese Entdeckungen könnte man mit den ersten Beobachtungen elektrischer Vorgänge vergleichen. Volta bemerkte das unerwartete Zucken der Froschschenkel, aber eine ganze Wissenschaft wurde nötig, um die hier entdeckten Energien nutzbar zu machen. Ebenso liegt die Sache bei unseren Entdekkungen. Um die überraschenden Erscheinungen wieder hervorrufen zu können, müssen wir sie festhalten, ihre Bedingungen kennen, sie entwickeln und von ihnen Besitz ergreifen gleichsam in einem schrittweisen pädagogischen Eroberungszug.

Der Lösung dieser Aufgabe widmeten wir unsere Arbeit. Zunächst bestand sie darin, daß mit der größtmöglichen Exaktheit durch fortschreitende Versuche und Wiederholungen dieser Versuche eine Umgebung geschaffen wurde, durch die psychologisch die Auslösung dieser Kräfte möglich wurde, und dann in Untersuchungen darüber, wie sich der Erwachsene in dieser Umgebung zu verhalten hat, daß das Kind sich auswirken kann. Die Grundlage ist also nicht das Nachdenken darüber, wie man das Kind lehren oder erzieherisch beeinflussen kann, sondern wie man ihm eine Umgebung schaffen kann, die seiner Entwicklung förderlich ist, um es dann in dieser Umgebung sich frei entwickeln zu lassen.

Die Bedeutung der Umgebung für die Erziehung ist lange bekannt. Wir schaffen uns selbst auch immer eine Umgebung, die zu uns paßt und die zu unserer Entfaltung beiträgt. Diese Umgebung formt uns ständig, wir passen uns ihr an, bilden uns um. Die Umgebung des Kindes dagegen ist ein wenig anders, da sie den Bedürfnissen des Kindes entsprechend geschaffen ist, sie soll es *nicht beeinflussen*, sondern sie soll mit seinen Bedürfnissen vollkommen in Einklang stehen.

Das Kind, das keine Hindernisse auf seinem Weg findet, entwickelt sich frei und offenbart sich sogar in seiner tiefsten Eigenart. Diese Umgebung hat mehr den Charakter einer „offenbarenden Umgebung" als den einer „formenden Umgebung". Das Kind offenbart sich in seiner Eigenart, in seinem Lebensrhythmus. Es ist eine psychologische Umgebung, die dem Lebensrhythmus des kindlichen Seelenlebens Raum gibt zu seiner Ausbildung.

Dies ist etwas ganz anderes, als die wissenschaftliche Methode der Reaktionsmessung und der Anwendung von Tests. Bei diesen wird versucht, einen Augenblick festzuhalten und chronologisch zu messen, die augenblickliche Antwort des Individuums festzuhalten genau wie ein Kodak ein Bild des Augenblicks festhält. Aber die Offenbarung unserer Methode ist viel ähnlicher jener eines ganzen Films, der eine Lebensepisode darstellt. Und selbst dies ist nicht der einzige Unterschied, denn der Kodak hält nicht immer das Richtige fest. Wir haben alle einen Instinkt zu verstecken, was andere direkt suchen, und das Kind hat viele solcher hemmenden Reaktionen. Einige Kinder versuchten einmal, die Bewegungen eines Insektes zu beobachten, indem sie es auf einen Spiegel legten, so daß sie die Bewegungen der Beine von unten hätten sehen können, aber das Insekt stellte sich tot.

Unsere Umgebung zeigt viele Tatsachen, die wir bisher nicht bemerkten, z. B. die Arbeit des Kindes, die einen wesentlich anderen Rhythmus hat als die eines Erwachsenen. Es hat innere Nöte des Wachstums zu befriedigen und oft ist es nicht ein äußeres Ziel, sondern eine innere Notwendigkeit, die seine Arbeit bestimmt und die es durch lange Übung befriedigen muß. Zum Beispiel ein Kind wird einen Tisch reinigen, wird jedoch dann diese Handlung viele Male wiederholen, nachdem die Handlung vollzogen ist. Ein dreijähriges Kind kann diesen Prozeß vierzigmal wiederholen. Diese Wunder treten in Erscheinung ohne den Reiz äußerlicher Belohnungen. Man könnte sogar eigentlich sagen, daß eine solche Erscheinung Prämien und Strafen überflüssig macht.

Der Erwachsene arbeitet im Gegensatz dazu in erster Hinsicht aus äußerlichen Gründen, denn sein Ziel ist es, etwas für die getane Arbeit zu erhalten. Aus diesem Grunde folgt die Arbeit des Erwachsenen dem Gesetz der kleinsten Anstrengungen – für seinen Wetteifer sind deutlich erkennbare, reale Belohnungen erforderlich.

Durch seine Aktivität entwickelt sich das Kind und wird erwachsen. Es muß unaufhörlich auf dieses Ziel hinarbeiten und kein Mensch kann ihm diese Arbeit, die für sein Wachstum erforderlich ist, ersparen oder verkürzen. Es wehrt sich sogar gegen den Erwachsenen, der ihm helfen und es führen will. Die Arbeit des Erwachsenen hingegen gehorcht nicht nur dem Gesetz des geringsten Kräfteverbrauchs; es kommt hinzu, daß andere diese Arbeit für ihn tun können. Wenn wir uns nun überlegen, daß der Erwachsene herrscht, so finden wir den Ursprung eines Konfliktes. Der Erwachsene versucht, das Kind so zu beeinflussen, daß es wie er selbst arbeitet. Er fordert in dieser Beziehung Gehorsam, und dies ist eine Quelle ständiger Erbitterungen für das innere Leben des Kindes, denn die Natur führt nicht von der Kindheit zur Erwachsenheit durch einen direkten, stufenweisen, gleichmäßigen Prozeß, sondern durch Umgestaltungen. Vieles von dieser Umgestaltung geht indirekt vor sich, und der Weg, für den künftigen Zustand etwas zu erlangen, ist der, daß man geduldig bleibt und der Vervollkommnung der gegenwärtigen Eigenschaften hilft.

Das Vorhandene in jeder Kindheit muß man als einflußreichste Phase betrachten, denn in dieser Zeit können sich die vollkommensten Kennzeichen des Erwachsenen entwikkeln. Die Vorbereitung der Natur besteht darin, indirekt zu gestalten was noch nicht gestaltet ist. Auf dem psychologischen Gebiet finden wir ähnliche Faktoren und müssen die gleichen Linien verfolgen. Wir dürfen das Kind nicht zwingen, uns nachzuahmen, sondern müssen abwarten und die Form der kindlichen Handlungen achten.

Dem Erwachsenen ist in vielen Beziehungen die Schwäche des Kindes gegenwärtig, z. B. bei der Erlernung der Sprache befindet sich das Kind in einer sensitiven Periode, in der es die Aussprache seiner Muttersprache vollkommen erlernen kann. Wenn ein dreijähriges Kind und seine Mutter auswandern, kann wohl das Kind, nicht aber die Mutter, die neue Sprache erlernen. Sogar in bezug auf den logischen Teil der Sprache, beim Vorkommen grammatischer Fehler, gilt das gleiche als richtig. Die Entwicklung stellt eine Reihe von Errungenschaften durch besondere Fähigkeiten dar, die später verlorengehen und die von größter Bedeutung für den psychologischen Punkt der Betrachtungen sind. Das Kind macht seine Errungenschaften so schnell und freudig, weil die Natur es so geschaffen hat. Aber seit wir selbst diese Fähigkeiten verloren haben, finden wir es schwer, beim Kinde über sie nachzudenken.

Es ist nötig, eine dem Kinde angepaßte Umgebung zu schaffen, in der es die notwendigen Mittel jedes Grades seiner Entwicklung findet. In dieser müssen wir das Kind beobachten, um seine Bedürfnisse auf das genaueste zu erkennen. Dies ist die Aufgabe der Entwicklung.

Der Erwachsene muß eine viel bescheidenere Haltung haben. Seine Autorität muß er der schöpferischen Natur des Kindes opfern. Es ist für das Kind notwendig zu wachsen, und für die Autorität des Erwachsenen, sich zu vermindern.

(Die Neue Erziehung. XIII. Jhg. [1931]. S. 89 ff.)